第二版

Kubernetes 錦囊妙計
打造雲端原生應用程式

SECOND EDITION

Kubernetes Cookbook
Building Cloud Native Applications

Sameer Naik, Sébastien Goasguen,
and Jonathan Michaux　著

賴屹民　譯

O'REILLY®

目錄

前言

歡迎翻開《*Kubernetes 錦囊妙計*》，感謝你做出這個選擇！我們想要透過這本書來幫助你解決 Kubernetes 的具體問題。我們整理了超過 100 個範例，涵蓋叢集的設定、使用 Kubernetes API 物件來管理容器化工作負載、使用儲存起來的原始資料、配置安全…等主題。無論你是初次接觸 Kubernetes，還是已經使用它一段時間，希望你可以在這裡找到有用的內容，以改善你的 Kubernetes 使用體驗。

本書對象

本書是為了 DevOps 光譜裡的所有人寫的。你可能是應用程式開發者，偶爾需要與 Kubernetes 互動，或是一位平台工程師，需要在組織中為其他工程師建立可重複使用的解決方案，或介於這兩種角色之間。本書會幫助你安然穿越 Kubernetes 的叢林，從開發階段，到生產階段。它涵蓋了 Kubernetes 的核心概念，以及源自更廣泛生態系統的解決方案，它們在業界幾乎已經是事實上的標準了。

編寫本書的動機

我們已經加入 Kubernetes 社群多年了，看過初學者甚至高階使用者遇到的許多問題。我們想要分享在生產環境中運行 Kubernetes，以及使用 Kubernetes 來進行開發的知識，也就是說，我們想分享我們對核心碼庫（code base）或生態系統做出的貢獻，以及編寫在 Kubernetes 上運行的應用程式的經驗。有鑑於 Kubernetes 的普及率自本書第一版出版以來不斷增長，增修這本第二版是完全合理的決定。

本書導覽

這本錦囊妙計包含 15 章，每一章皆以 O'Reilly 的標準訣竅格式（問題、解決方案、討論）組成。你可以從頭到尾通讀此書，也可以跳到特定的章節或訣竅。每個訣竅都是獨立的，如果你需要先瞭解其他訣竅才能瞭解某一個訣竅，該訣竅將提供相應的參考訣竅。索引也是很有用的資源，因為在一些訣竅裡面有特定的命令，你可以從索引清楚地看到這些關聯。

Kubernetes 版本需知

在撰寫本書時，Kubernetes 1.27（*https://oreil.ly/3b2Ta*）是最新的穩定版本，它於 2023 年 4 月底發表，是這本書的基準版本。然而，本書介紹的解決方案大致上也適用於舊版本，若非如此，我們會說明，並指出最低要求版本。

Kubernetes 遵循每年發表三個版本的節奏。一個發表週期大約是 15 週，例如，1.26 於 2022 年 12 月發表，1.27 於 2023 年 4 月發表，而 1.28 於 2023 年 8 月發表，即本書進入製作階段時。根據 Kubernetes 的發表版本編號指南（*https://oreil.ly/9eFLs*），我們可以預期一個功能會被三個最新的 minor 版本支援。Kubernetes Community 為有效補丁版本系列（active patch release series）提供大約 14 個月的支援。然而，因為本書的訣竅通常只使用穩定的 API，如果你使用較新的 Kubernetes 版本，這些訣竅應該仍然有效。^{譯註}

你需要瞭解的技術

在閱讀本書之前，你得先瞭解一些關於開發和系統管理的基本概念，你可能要複習以下的內容：

bash（*Unix shell*）

這是 Linux 和 macOS 的預設 Unix shell。熟悉 Unix shell 對你會有幫助，例如：編輯檔案、設定檔案權限和使用者權限、在檔案系統中移動檔案，以及進行一些基本的 shell 程式設計。若要取得一般介紹，可參考 Cameron Newham 著的《*Learning the bash Shell* 第三版》，或 Carl Albing 與 JP Vossen 合著的《*bash Cookbook* 第二版》，這兩本書都是歐萊禮出版的。

譯註　本書中文版上市時，Kubernetes 已發表 1.31 版本。

套件管理

本書的工具通常有多個依賴項目，你必須安裝一些套件來滿足它們。因此，你要熟悉電腦裡的套件管理系統，它可能是 Ubuntu/Debian 系統的 *apt*、CentOS/RHEL 系統的 *yum*，或 macOS 的 *Homebrew*。無論使用哪一種套件，務必知道如何安裝、升級和移除它。

Git

Git 已經成為分散式版本控制的標準了。如果你還不熟悉 Git，我們認為 Prem Kumar Ponuthorai 和 Jon Loeliger 著的《*Version Control with Git* 第三版》（O'Reilly）是入門的好選擇。除了 Git 之外，GitHub 網站（*http://github.com*）是幫助你開始使用代管版本庫的好地方。若要瞭解 GitHub，請閱讀 GitHub Training Kit 網站（*http://training.github.com*）。

Go

Kubernetes 是用 Go 語言寫的。Go 已經是 Kubernetes 社群和其他領域的流行語言了。本書的主題不是 Go 程式設計，但會介紹如何編譯一些 Go 專案。初步瞭解如何設置 Go workspace 對你有幫助，要進一步瞭解，可以從 O'Reilly 的訓練課程影片「Introduction to Go Programming」開始（*https://reurl.cc/6drvGd*）。

本書編排慣例

本書使用下列的編排規則：

斜體字（*Italic*）

代表新術語、URL、email 地址、檔名、副檔名。中文使用楷體表示。

定寬字（`Constant width`）

用於程式碼，並在文字段落內，用來代表變數、函式名稱、資料庫、資料型態、環境變數、陳述式、關鍵字等程式元素。也用於命令和命令列輸出。

定寬粗體字（**`Constant width bold`**）

代表應由使用者親自輸入的命令或其他文字。

定寬斜體字（*`Constant width italic`*）

代表應該用使用者提供的值來取代的文字，或由前後文決定的值。

這個圖案代表提示或建議。

 這個圖案代表一般說明。

 這個圖案代表警告或注意事項。

使用範例程式

你可以在 *https://github.com/k8s-cookbook/recipes* 下載補充教材（Kubernetes manifest、程式範例、習題…等）。你可以複製這個版本庫 —— 前往相應的章節和訣竅，並使用裡面的程式碼：

```
$ git clone https://github.com/k8s-cookbook/recipes
```

 在這個版本庫裡面的範例並非可在生產環境中使用的優化設置，它們只是執行訣竅內的範例所需的最基本配置。

如果你有技術問題，或是在使用範例程式時遇到問題，可洽詢 *support@oreilly.com*。

本者旨在協助你完成工作。一般來說，如果範例程式出自本書，你可以在你的程式或文件中使用它。除非你要複製絕大部分的程式碼，否則不需要請求我們許可。例如，使用這本書的程式段落來編寫程式不需要取得許可。但是將 O'Reilly 書籍的範例製成光碟來銷售或發布，就必須取得我們的授權。引用這本書的內容與範例程式碼來回答問題不需要取得許可。但是在產品的文件中大量使用本書的範例程式，則需要我們的授權。

我們非常感激你在引用本書內容時能標明出處（但不強制要求）。出處一般包含書名、作者、出版社和 ISBN。例如：*"Kubernetes Cookbook*, by Sameer Naik, Sébastien Goasguen, and Jonathan Michaux (O'Reilly).Copyright 2024 CloudTank SARL, Sameer Naik, and Jonathan Michaux, 978-1-098-14224-7."

如果你覺得使用範例程式的程度超出上述的允許範圍，歡迎隨時與我們聯繫：*permissions@oreilly.com*。

致謝

感謝整個 Kubernetes 社群開發了如此優秀的軟體，也感謝你們如此傑出，如此開放、友善，且隨時樂於協助。

Sameer 和 Jonathan 很榮幸和 Sébastien 一起撰寫這本第二版。我們都很感激 Roland Huß、Jonathan Johnson 和 Benjamin Muschko 的審閱，用寶貴的經驗完善了最終成果。我們也感謝 O'Reilly 的編輯 John Devins、Jeff Bleiel 和 Ashley Stussy，很開心能與他們共事。

開始使用 Kubernetes

第一章將介紹幾個訣竅來幫助你開始使用 Kubernetes。我們將展示如何在不安裝 Kubernetes 的情況下使用它，並介紹一些組件，例如命令列介面（command-line interface，CLI）和儀表板，這些組件可以讓你和叢集互動，此外還有 Minikube，它是一種可以在筆記型電腦上運行的完整解決方案。

1.1 安裝 Kubernetes CLI — kubectl

問題

你想要安裝 Kubernetes 命令列介面，以便和你的 Kubernetes 叢集進行互動。

解決方案

最簡單的做法是下載最新的官方發行版。例如，若要在 Linux 系統上取得最新的穩定版本，可輸入以下命令：

```
$ wget https://dl.k8s.io/release/$(wget -qO - https://dl.k8s.io/release/
stable.txt)/bin/linux/amd64/kubectl

$ sudo install -m 755 kubectl /usr/local/bin/kubectl
```

Linux 和 macOS 使用者也可以使用 Homebrew 套件管理器（*https://brew.sh*）來安裝 kubectl：

```
$ brew install kubectl
```

完成安裝後，印出它的版本，以確認你有一個正常運作的 kubectl 了：

```
$ kubectl version --client
Client Version: v1.28.0
Kustomize Version: v5.0.4-0.20230...
```

討論

kubectl 是官方的 Kubernetes CLI，它是一種開源軟體，這意味著如果需要，你也可以自己組建 kubectl 二進制檔。訣竅 15.1 將告訴你如何在本地編譯 Kubernetes 原始碼。

值得注意的是，Google Kubernetes Engine 使用者（參見訣竅 2.11）可以使用 gcloud 來安裝 kubectl：

```
$ gcloud components install kubectl
```

此外，在最新版的 Minikube 中（參見訣竅 1.2），你可以將 kubectl 當成 minikube 的子命令，以執行符合叢集版本的 kubectl 二進制檔：

```
$ minikube kubectl -- version --client
Client Version: version.Info{Major:"1", Minor:"27", GitVersion:"v1.27.4", ...}
Kustomize Version: v5.0.1
```

參閱

- 關於安裝 kubectl 的文件（*https://oreil.ly/DgK8a*）

1.2 安裝 Minikube 來執行本地 Kubernetes 實例

問題

為了進行測試、開發、訓練，或其他目的，你想在本地機器上使用 Kubernetes。

解決方案

Minikube（*https://oreil.ly/97IFg*）是讓你在本地機器上輕鬆使用 Kubenetes 的工具。

為了在本地安裝 Minikube CLI，你可以取得最新的預建發行版，或組建原始碼。若要在 Linux 機器上安裝最新版的 minikube，你可以執行：

```
$ wget https://storage.googleapis.com/minikube/releases/latest/
minikube-linux-amd64 -O minikube
```

```
$ sudo install -m 755 minikube /usr/local/bin/minikube
```

這會把 minikube 二進制檔加入你的路徑中，並讓你在任何地方操作它。

安裝完成後，你可以使用以下命令來確認 Minikube 版本：

```
$ minikube version
minikube version: v1.31.2
commit: fd7ecd...
```

討論

Minikube 可以部署為虛擬機器、容器或裸機（bare metal），它是你在 Minikube 建立叢集時使用 --driver 旗標來配置的。如果沒有指定這個旗標，Minikube 會自動選擇最佳的執行環境。

hypervisor 是用來建立和管理虛擬機器的軟體或硬體組件，它負責配置和管理主機系統（host system）的物理資源（CPU、記憶體、儲存機制、網路），並且讓多個虛擬機器（VM）在同一個物理硬體上同時運行。Minikube 支援一系列的 hypervisor，例如 VirtualBox（*https://oreil.ly/-tbK7*）、Hyperkit（*https://oreil.ly/djLvh*）、Docker Desktop（*https://oreil.ly/xQ-mj*）、Hyper-V（*https://oreil.ly/5EAe0*）…等。你可以在 drivers（*https://oreil.ly/Y1jpt*）網頁看到它支援的 runtime。

Minikube 也可以使用容器 runtime 在主機機器上建立叢集。這個 driver 只能在 Linux 主機上使用，你可以在本機運行 Linux 容器而不需要使用 VM。儘管基於容器的 runtime 的隔離程度不如虛擬機器，但它確實可以提供最佳效能和資源使用率。截至目前為止，Minikube 支援 Docker Engine（*https://oreil.ly/7gZPf*）和 Podman（*https://oreil.ly/y6N3t*）（實驗性）。

以下的工具也可以讓你使用 Linux 容器來運行本地 Kubernetes 叢集：

- Kubernetes in Docker Desktop（參見訣竅 1.6）
- kind（參見訣竅 1.5）
- k3d（*https://k3d.io*）

參閱

- Minikube Get Started! 指南（*https://oreil.ly/2b1fA*）
- Minikube drivers（*https://oreil.ly/HAZgT*）
- GitHub 上的 minikube 資源（*https://oreil.ly/HmCEJ*）

1.3 在本地使用 Minikube 來進行開發

問題

你想在本地使用 Minikube 來進行 Kubernetes 應用程式的測試和開發。你已經安裝並啟動了 minikube（參見訣竅 1.2），現在想知道可以簡化開發體驗的額外命令。

解決方案

使用 minikube start 命令在本地建立一個 Kubernetes 叢集：

```
$ minikube start
```

在預設情況下，該叢集將配置 2 GB 的 RAM。如果你不喜歡預設值，你可以更改記憶體和 CPU 數量等參數，也可以選擇 Minikube VM 的特定 Kubernetes 版本，例如：

```
$ minikube start --cpus=4 --memory=4096 --kubernetes-version=v1.27.0
```

此外，你可以更改一個節點的預設值，來指定叢集節點的數量：

```
$ minikube start --cpus=2 --memory=4096 --nodes=2
```

要檢查 Minikube 叢集的狀態，可執行：

```
$ minikube status
minikube
type: Control Plane
host: Running
kubelet: Running
apiserver: Running
kubeconfig: Configured

minikube-m02
type: Worker
host: Running
kubelet: Running
```

若要檢查 Minikube 內的 Kubernetes 叢集的狀態，可執行：

```
$ kubectl cluster-info
Kubernetes control plane is running at https://192.168.64.72:8443
CoreDNS is running at https://192.168.64.72:8443/api/v1/namespaces/
kube-system/services/kube-dns:dns/proxy

To further debug and diagnose cluster problems, use 'kubectl cluster-info dump'.
```

用 Minikube 來建立的 Kubernetes 叢集會使用主機的資源，所以你要確保主機有足夠的資源可供使用。更重要的是，當你完成工作時，別忘了使用 minikube stop 來停止它，以釋出系統資源。

討論

Minikube CLI 提供一些方便的命令。CLI 有內建的輔助功能，可以用來查詢有哪些子命令可用，以下是其中的一段：

```
$ minikube
...
Basic Commands:
  start          Starts a local Kubernetes cluster
  status         Gets the status of a local Kubernetes cluster
  stop           Stops a running local Kubernetes cluster
  delete         Deletes a local Kubernetes cluster
...
Configuration and Management Commands:
  addons         Enable or disable a minikube addon
...
```

除了 start、stop 和 delete 之外，你也要熟悉 ip、ssh、tunnel、dashboard 和 docker-env 命令。

 如果你的 Minikube 因為任何原因變得不穩定，或者，如果你想要重新啟動，你可以使用 minikube stop 和 minikube delete 來移除它，接下來，執行 minikube start 將產生一個全新的版本。

1.4 在 Minikube 上啟動你的第一個應用程式

問題

你已經啟動 Minikube 了（參見訣竅 1.3），現在你想在 Kubernetes 上啟動你的第一個應用程式。

解決方案

譬如，你可以使用兩個 kubectl 命令在 Minikube 上啟動 Ghost（*https://ghost.org*）微部落格（microblogging）平台：

```
$ kubectl run ghost --image=ghost:5.59.4 --env="NODE_ENV=development"
$ kubectl expose pod ghost --port=2368 --type=NodePort
```

並手動監視 pod 以觀察它何時開始運行：

```
$ kubectl get pods
NAME                     READY   STATUS    RESTARTS   AGE
ghost-8449997474-kn86m   1/1     Running   0          24s
```

現在，你可以使用 minikube service 命令，在網頁瀏覽器中，自動載入應用程式服務的 URL：

```
$ minikube service ghost
```

討論

kubectl run 命令被稱為 *generator*，它是用來建立 Pod 物件（參見訣竅 4.4）的方便命令。kubectl expose 命令也是一種 generator，用於建立一個 Service 物件（參見訣竅 5.1），將網路流量引導至你的 deployment[譯註] 所啟動的容器。

當你不再需要該應用程式時，可刪除 Pod 以釋出叢集資源：

```
$ kubectl delete pod ghost
```

你也應該刪除由 kubectl expose 命令建立的 ghost 服務：

```
$ kubectl delete svc ghost
```

1.5 使用 kind 在本地運行 Kubernetes

問題

kind（*https://kind.sigs.k8s.io*）是在本地運行 Kubernetes 的替代方案之一。它最初是為了測試 Kubernetes 而設計的，但現在也經常在筆記型電腦上用來嘗試 Kubernetes 解決方案，以避免一些麻煩。你想要在本地使用 kind 來測試和開發 Kubernetes 應用程式。

解決方案

使用 kind 的最低要求是安裝 Go 和 Docker runtime。kind 在任何平台上都很容易安裝（*https://oreil.ly/1MxZo*），例如使用 brew：

```
$ brew install kind
```

然後，建立叢集很簡單：

```
$ kind create cluster
```

刪除它也一樣簡單：

```
$ kind delete cluster
```

譯註　在本書中，名詞的部署以原文 deployment 表示，以避免與動詞的部署混淆。

討論

因為 kind 最初是為了測試 Kubernetes 而開發的，它有一條核心設計原則（*https://oreil. ly/jNTNx*）：它必須非常適合自動化。如果你打算自動部署 Kubernetes 叢集以進行測試，或許可以考慮使用 kind。

參閱

* kind 官方快速入門指南（*https://oreil.ly/aXjcY*）

1.6 在 Docker Desktop 裡使用 Kubernetes

問題

Docker Desktop 是建立在 Docker Engine 之上的套件，它提供許多有用的開發工具，包括內建版的 Kubernetes，以及一個相關的負載平衡器，用來將流量引導至叢集中。這意味著，你只要安裝一個工具，就可以獲得在本地開發所需的幾乎所有工具了。你想要在本地使用 Docker Desktop 來測試和開發你的 Kubernetes 應用程式。

解決方案

安裝 Docker Desktop（*https://oreil.ly/HKVaR*），並在安裝過程中啟用 Kubernetes。

你可以在 Docker Desktop 的設定面板中啟用和停用 Kubernetes，如圖 1-1 所示。如果你為了使用 Docker Desktop 的 Docker Engine 但不使用 Kubernetes 而使用 Docker Desktop，這樣做應該沒錯，因為這可以節省電腦的資源。如圖所示，設定面板也可以看到 Docker Desktop 提供的是哪一版的 Kubernetes，這可以幫助偵錯，因為有一些解決方案可能會規定運行它們的 Kubernetes 至少或最多是某一版。

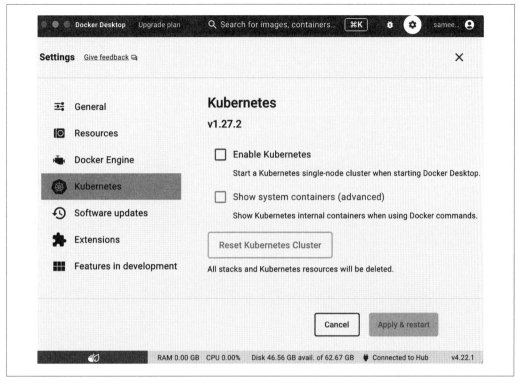

圖 1-1 Docker Desktop Kubernetes 設定面板

值得注意的是，在 Docker Desktop 裡面的 Kubernetes 版本落後最新的 Kubernetes 好幾個版本，而 Minikube 往往比較新。

如圖 1-2 所示，你可以使用 Docker Desktop 工具列選單在不同的本地叢集之間輕鬆地切換 kubectl 環境，這意味著你可以同時運行 Minikube 和 Docker Desktop 的 Kubernetes，並在它們之間進行切換（但我們不建議這樣做）。訣竅 1.7 將告訴你如何使用 kubectl 來直接做這件事。

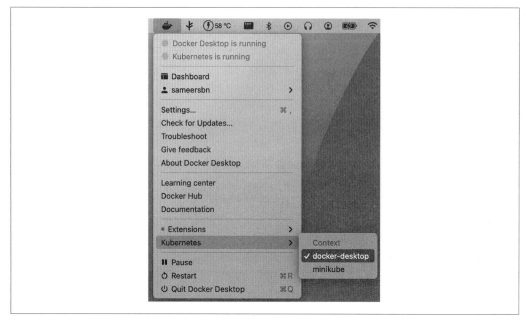

圖 1-2 Docker Desktop 的 `kubectl context` 切換選項

討論

儘管 Docker Desktop 可以幫你輕鬆且快速地上手 Kubernetes，但它不是開源軟體，且免費版僅供個人、小型企業、學生、教育工作者，以及非商業開源開發者使用。

另一方面，Docker Engine 可以用來運行 Minikube，它具備 Apache 2.0 license，和 Minikube 本身一樣。

1.7 切換 kubectl context

問題

kubectl 在預設情況下始終與特定的 Kubernetes 叢集通訊，這個配置是所謂的 *context* 的一部分。如果你忘記 kubectl 被設成哪個叢集，或想要在不同的叢集之間切換，或想要更改與 context 有關的其他參數，看這個訣竅就對了。

解決方案

你可以使用 kubectl config get-contexts 命令來查看 kubectl 可用的 context：

```
$ kubectl config get-contexts
CURRENT   NAME            CLUSTER         AUTHINFO        NAMESPACE
          docker-desktop  docker-desktop  docker-desktop
          kind-kind       kind-kind       kind-kind
*         minikube        minikube        minikube        default
```

從輸出中可以看到，在這個例子裡，kubectl 可以使用三個 Kubernetes 叢集，且當下的 context 被設為與 minikube 叢集通訊。

你可以執行以下命令來切換至 kind-kind 叢集：

```
$ kubectl config use-context kind-kind
Switched to context "kind-kind".
```

討論

如果你想要使用本地的 kubectl 來訪問遠端叢集，你可以編輯 kubeconfig 檔案。關於 kubeconfig 檔案的詳情請參考官方文件（*https://oreil.ly/jMZ3h*）。

1.8 使用 kubectx 與 kubens 來切換 context 與 名稱空間

問題

你想知道能不能更方便地使用 kubectl 來切換 context（即叢集）和名稱空間，因為切換 context 的命令很長，並且很難記住。

解決方案

kubectx 和 kubens 這兩種流行的開源命令稿（script）可以讓 kubectl 更容易切換 context 及名稱空間，免得讓你在每一條命令中設置名稱空間名稱。

你有許多安裝選項可用。如果你使用 brew，你可以試試：

```
$ brew install kubectx
```

接著，你可以輕鬆地列出可用的 kubectl context：

```
$ kubectx
docker-desktop
kind-kind
minikube
```

切換 context 也一樣簡單：

```
$ kubectx minikube
Switched to context "minikube".
```

使用 kubens 也可以輕鬆地列出和切換名稱空間：

```
$ kubens
default
kube-node-lease
kube-public
kube-system
test

$ kubens test
default
Context "minikube" modified.
Active namespace is "test".
```

接下來，所有的命令都在你選擇的名稱空間的 context 中執行：

```
$ kubectl get pods
default
No resources found in test namespace.
```

參閱

• kubectl 和 kubens 工具的版本庫（*https://oreil.ly/QBH3N*）

## 第二章

建立 Kubernetes 叢集

在這一章，我們要討論幾種建立完整 Kubernetes 叢集的方法。我們將介紹低階的標準工具（kubeadm），它也是其他安裝程式的基礎，並告訴你在哪裡可以找到控制面板和工作節點的相關二進制檔（binary）。我們會展示如何編寫 systemd 單元檔案來監督 Kubernetes 組件，最後展示如何在 Google Cloud Platform 和 Azure 上設置叢集。

2.1 為 Kubernetes 叢集準備新節點

問題

你想要準備一個新節點以及所有必要的工具，以便建立一個新的 Kubernetes 叢集，或將新叢集加至現有的叢集。

解決方案

要為 Kubernetes 叢集準備一個 Ubuntu-based 主機，你要先啟用 IPv4 forwarding（轉發），並啟用 iptables 以查看橋接的（bridged）流量：

```
$ cat <<EOF | sudo tee /etc/modules-load.d/k8s.conf
overlay
br_netfilter
EOF

$ sudo modprobe overlay
```

```
$ sudo modprobe br_netfilter

$ cat <<EOF | sudo tee /etc/sysctl.d/k8s.conf
net.bridge.bridge-nf-call-iptables  = 1
net.bridge.bridge-nf-call-ip6tables = 1
net.ipv4.ip_forward = 1
EOF

$ sudo sysctl --system
```

為了與 kubeadm 工具相容，你要將節點上的 swap 關閉：

```
$ sudo apt install cron -y
$ sudo swapoff -a
$ (sudo crontab -l 2>/dev/null; echo "@reboot /sbin/swapoff -a") | sudo crontab -
|| true
```

叢集節點需要一個 Kubernetes Container Runtime Interface（CRI）的實作，cri-o（*https://cri-o.io*）是其中一種。cri-o 的版本應該與 Kubernetes 的版本相符。譬如，如果你要引導（bootstrapping）一個 Kubernetes 1.27 叢集，你要相應地配置 VERSION 變數：

```
$ VERSION="1.27"
$ OS="xUbuntu_22.04"

$ cat <<EOF | sudo tee /etc/apt/sources.list.d/devel:kubic:libcontainers:
stable.list
deb https://download.opensuse.org/repositories/devel:/kubic:/libcontainers:
/stable/$OS/ /
EOF

$ cat <<EOF | sudo tee /etc/apt/sources.list.d/devel:kubic:libcontainers:
stable:cri-o:$VERSION.list
deb http://download.opensuse.org/repositories/devel:/kubic:/libcontainers:
/stable:/cri-o:/$VERSION/$OS/ /
EOF

$ curl -L https://download.opensuse.org/repositories/devel:/kubic:/libcontainers:
/stable:/cri-o:/$VERSION/$OS/Release.key | \
    sudo apt-key add -
$ curl -L https://download.opensuse.org/repositories/devel:/kubic:/libcontainers:
/stable/$OS/Release.key | \
    sudo apt-key add -

$ sudo apt-get update

$ sudo apt-get install cri-o cri-o-runc cri-tools -y
```

然後重新載入 systemd 配置並啟用 cri-o：

```
$ sudo systemctl daemon-reload
$ sudo systemctl enable crio --now
```

要從頭開始引導 Kubernetes 叢集以及加入既有的叢集，那就要使用 kubeadm 工具。你可以這樣啟用它的軟體版本庫：

```
$ cat <<EOF | sudo tee /etc/apt/sources.list.d/kubernetes.list
deb [signed-by=/etc/apt/keyrings/k8s-archive-keyring.gpg]
https://apt.kubernetes.io/
kubernetes-xenial main
EOF

$ sudo apt-get install -y apt-transport-https ca-certificates curl
$ sudo curl -fsSLo /etc/apt/keyrings/k8s-archive-keyring.gpg \
    https://dl.k8s.io/apt/doc/apt-key.gpg

$ sudo apt-get update
```

現在可以安裝引導 Kubernetes 叢集節點所需的所有工具了，需要的工具有：

- kubelet 二進制檔

- kubeadm CLI

- kubectl 用戶端

執行這個命令來安裝它們：

```
$ sudo apt-get install -y kubelet kubeadm kubectl
```

然後將這些套件標為 hold，以防止它們被自動升級：

```
$ sudo apt-mark hold kubelet kubeadm kubectl
```

現在你的 Ubuntu 主機已經可以成為 Kubernetes 叢集的一部分了。

討論

kubeadm 是一款設定工具，它提供 kubeadm init 和 kubeadm join。kubeadm init 用來引導 Kubernetes 控制平面節點，而 kubeadm join 用來引導工作節點，並將它加入叢集。實質上，kubeadm 提供了啟動和運行可行的最小叢集所需的操作。kubelet 是在每個節點上運行的節點代理（*node agent*）。

除了 cri-o 之外，值得研究的容器 runtime 還有 containerd（*https://oreil.ly/M1kDx*）、Docker Engine（*https://oreil.ly/P5_l_*）和 Mirantis Container Runtime（*https://oreil.ly/BEWaG*）。

2.2 引導 Kubernetes 控制平面節點

問題

你已經為 Kubernetes 初始化一個 Ubuntu 主機了（參見訣竅 2.1），現在需要引導一個新的 Kubernetes 控制平面節點。

解決方案

安裝 kubeadm 二進制檔之後就可以開始引導 Kubernetes 叢集了。使用以下命令在節點上初始化控制平面：

```
$ NODENAME=$(hostname -s)
$ IPADDR=$(ip route get 8.8.8.8 | sed -n 's/.*src \([^\ ]*\).*/\1/p')
$ POD_CIDR=192.168.0.0/16
```

 控制平面節點至少要有兩個 vCPU 和 2 GB 的 RAM。

現在使用 kubeadm 來初始化控制平面節點：

```
$ sudo kubeadm init --apiserver-advertise-address=$IPADDR \
    --apiserver-cert-extra-sans=$IPADDR  \
    --pod-network-cidr=$POD_CIDR \
    --node-name $NODENAME \
    --ignore-preflight-errors Swap
[init] Using Kubernetes version: v1.27.2
[preflight] Running pre-flight checks
[preflight] Pulling images required for setting up a Kubernetes cluster
...
```

init 命令的輸出包含「設定 kubectl 來和你的叢集溝通」的配置。設置好 kubectl 之後，你可以使用下面的命令來確認叢集組件的健康狀態：

```
$ kubectl get --raw='/readyz?verbose'
```

這條命令可以取得叢集資訊：

```
$ kubectl cluster-info
```

討論

使用者的工作負載不會被安排在控制平面節點上執行。如果你正在建立實驗性的單節點叢集，你要 taint 控制平面節點，以便在控制平面節點上安排使用者工作負載：

```
$ kubectl taint nodes --all node-role.kubernetes.io/control-plane-
```

參閱

• 使用 kubeadm 來建立叢集（*https://oreil.ly/q9nwI*）

2.3 安裝容器網路附加組件，以進行叢集網路通訊

問題

你引導了一個 Kubernetes 控制平面節點（參見訣竅 2.2），現在需要安裝一個 pod 網路附加組件（add-on），來讓 pod 可以互相溝通。

解決方案

你可以在控制平面節點上，使用以下命令來安裝 Calico 網路附加組件：

```
$ kubectl apply -f https://raw.githubusercontent.com/projectcalico/calico/
v3.26.1/manifests/calico.yaml
```

討論

你必須使用一個與你的叢集相容且滿足你的需求的 Container Network Interface（CNI）附加組件。很多附加組件都實作了 CNI，你可以參考 Kubernetes 文件中的附加組件清單（*https://oreil.ly/HosU6*），儘管它並非詳盡的清單。

2.4 將工作節點加入 Kubernetes 叢集

問題

你初始化了 Kubernetes 控制平面節點（參見訣竅 2.2），並安裝了一個 CNI 附加組件（參見訣竅 2.3），想要將工作節點加入你的叢集。

解決方案

為 Kubernetes 初始化 Ubuntu 主機之後（按照訣竅 2.1 的做法），在控制平面節點執行以下命令，以顯示叢集 join 命令：

```
$ kubeadm token create --print-join-command
```

然後在工作節點上執行 join 命令：

```
$ sudo kubeadm join --token <token>
```

 工作節點至少需要一個 vCPU 和 2 GB 的 RAM。

回到控制平面節點的終端機對話即可見到你的節點已被加入：

```
$ kubectl get nodes
NAME     STATUS   ROLES          AGE   VERSION
master   Ready    control-plane  28m   v1.27.2
worker   Ready    <none>         10s   v1.27.2
```

你可以重複執行這些步驟來將更多工作節點加入 Kubernetes 叢集。

討論

工作節點是你的工作負載運行之處。當叢集耗盡資源時，你會開始看到新 pod 進入 *Pending* 狀態，此時，你要考慮加入更多工作節點，來為叢集加入更多資源。

2.5 部署 Kubernetes 儀表板

問題

你已經建立一個 Kubernetes 叢集，現在想要使用 UI（使用者介面）來建立、查看和管理叢集上的容器化工作負載。

解決方案

使用 Kubernetes 儀表板（*https://oreil.ly/n7WQw*），這種基於 web 的 UI 可以將容器化的應用程式部署到 Kubernetes 叢集，並管理叢集資源。

> 如果你正在使用 Minikube，你可以藉著啟用儀表板附加組件來安裝 Kubernetes 儀表板：
>
> ```
> $ minikube addons enable dashboard
> ```

若要部署 v2.7.0 Kubernetes 儀表板，可執行：

```
$ kubectl apply -f https://raw.githubusercontent.com/kubernetes/dashboard/
v2.7.0/aio/deploy/recommended.yaml
```

然後確認 deployment 是否就緒：

```
$ kubectl get deployment kubernetes-dashboard -n kubernetes-dashboard
NAME                   READY   UP-TO-DATE   AVAILABLE   AGE
kubernetes-dashboard   1/1     1            1           44s
```

2.6 操作 Kubernetes 儀表板

問題

你在叢集上安裝了 Kubernetes 儀表板（參見訣竅 2.5），現在想要使用網頁瀏覽器來操作該儀表板。

解決方案

你要建立一個有權限管理叢集的 ServiceAccount（*https://oreil.ly/pXErB*）。建立一個名為 *sa.yaml* 的檔案，加入以下內容：

```
apiVersion: v1
kind: ServiceAccount
metadata:
  name: admin-user
  namespace: kubernetes-dashboard
---
apiVersion: rbac.authorization.k8s.io/v1
kind: ClusterRoleBinding
metadata:
  name: admin-user
roleRef:
  apiGroup: rbac.authorization.k8s.io
  kind: ClusterRole
  name: cluster-admin
subjects:
- kind: ServiceAccount
  name: admin-user
  namespace: kubernetes-dashboard
```

用這個命令來建立 ServiceAccount：

```
$ kubectl apply -f sa.yaml
```

為了操作 Kubernetes 儀表板，你要建立這個帳號的驗證權杖（token）。將下面這個命令印出來的 token 儲存起來：

```
$ kubectl -n kubernetes-dashboard create token admin-user
eyJhbGciOiJSUzI1NiIsImtpZCI6...
```

由於 Kubernetes 儀表板是一種叢集本地服務，你要設定一個連接至叢集的代理連結：

```
$ kubectl proxy
```

造訪網站 *http://localhost:8001/api/v1/namespaces/kubernetes-dashboard/services/https:kubernetes-dashboard:/proxy/#/workloads?namespace=_all* 即可開啟 Kubernetes 儀表板，並使用之前建立的權杖來證明你自己的身分。

你會在瀏覽器之中的 UI 裡看到圖 2-1 的頁面。

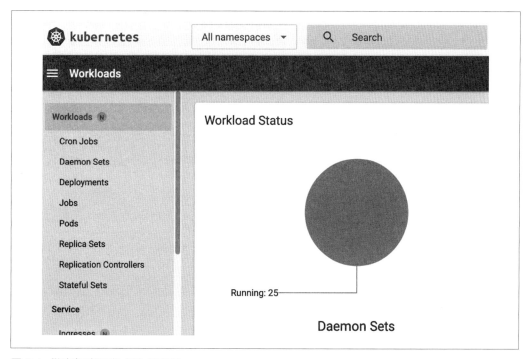

圖 2-1 儀表板應用程式建立畫面

 若使用 Minikube，執行此命令即可：

```
$ minikube dashboard
```

討論

若要建立應用程式，按下右上角的 +，選擇「Create from form」標籤，為應用程式命名，並指定你想要使用的容器映像。然後按下 Deploy 按鈕，你會看到新畫面，裡面有 deployment、pod 和副本（replica）集。在 Kubernetes 裡面有數十項重要的資源類型，例如 deployment、pod、副本集、服務…等，後續內容將更詳細地探討它們。

圖 2-2 是使用 Redis 容器來建立一個應用程式之後的典型儀表板畫面。

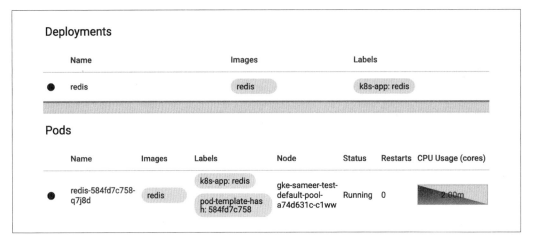

圖 2-2 Redis 應用程式的儀表板概覽

回到終端機對話，並使用命令列用戶端，你會看到相同的內容：

```
$ kubectl get all
NAME                           READY    STATUS     RESTARTS    AGE
pod/redis-584fd7c758-vwl52     1/1      Running    0           5m9s

NAME                  TYPE        CLUSTER-IP    EXTERNAL-IP    PORT(S)    AGE
service/kubernetes    ClusterIP   10.96.0.1     <none>         443/TCP    19m

NAME                     READY    UP-TO-DATE    AVAILABLE    AGE
deployment.apps/redis    1/1      1             1            5m9s

NAME                                DESIRED    CURRENT    READY    AGE
replicaset.apps/redis-584fd7c758    1          1          1        5m9s
```

你的 Redis pod 將運行 Redis 伺服器，如以下的 log 所示：

```
$ kubectl logs redis-3215927958-4x88v
...
1:C 25 Aug 2023 06:17:23.934 * oO0OoO0OoO0Oo Redis is starting oO0OoO0OoO0Oo
1:C 25 Aug 2023 06:17:23.934 * Redis version=7.2.0, bits=64, commit=00000000,
modified=0, pid=1, just started
1:C 25 Aug 2023 06:17:23.934 # Warning: no config file specified, using the
default config. In order to specify a config file use redis-server
/path/to/redis.conf
1:M 25 Aug 2023 06:17:23.934 * monotonic clock: POSIX clock_gettime
```

```
1:M 25 Aug 2023 06:17:23.934 * Running mode=standalone, port=6379.
1:M 25 Aug 2023 06:17:23.935 * Server initialized
1:M 25 Aug 2023 06:17:23.935 * Ready to accept connections tcp
```

2.7 部署 Kubernetes Metrics 伺服器

問題

你部署了 Kubernetes 儀表板（參見訣竅 2.5），但在儀表板中看不到 CPU 和記憶體的使用資訊。

解決方案

Kubernetes 儀表板需要使用 Kubernetes Metrics Server（*https://oreil.ly/BEHwR*）來將 CPU 和記憶體的使用情況視覺化。

 如果你在使用 Minikube，你可以啟用 `metrics-server` 附加組件來安裝 Kubernetes Metrics Server：

```
$ minikube addons enable metrics-server
```

若要部署最新版的 Kubernetes Metrics Server，請執行以下命令：

```
$ kubectl apply -f https://github.com/kubernetes-sigs/metrics-server/releases/
latest/download/components.yaml
```

然後確認 deployment 是否就緒：

```
$ kubectl get deployment metrics-server -n kube-system
NAME             READY   UP-TO-DATE   AVAILABLE   AGE
metrics-server   1/1     1            1           7m27s
```

如果你發現 deployment 沒有進入 ready 狀態，請檢查 pod 的 log：

```
$ kubectl logs -f deployment/metrics-server -n kube-system
I0707 05:06:19.537981    1 server.go:187] "Failed probe"
probe="metric-storage-ready" err="no metrics to serve"
E0707 05:06:26.395852    1 scraper.go:140] "Failed to scrape node" err="Get
\"https://192.168.64.50:10250/metrics/resource\": x509: cannot validate
certificate for 192.168.64.50 because it doesn't contain any IP SANs"
node="minikube"
```

如果你看到錯誤消息「cannot validate certificate」，請在 Metrics Server deployment 中加入旗標 --kubelet-insecure-tls：

```
$ kubectl patch deployment metrics-server -n kube-system --type='json'
-p='[{"op": "add", "path": "/spec/template/spec/containers/0/args/-", "value":
"--kubelet-insecure-tls"}]'
```

 Metrics Server 啟動後可能需要等幾分鐘才能使用。如果它還沒有進入 ready 狀態，那麼請求統計資訊可能會產生錯誤。

啟動 Metrics Server 之後，Kubernetes 儀表板會顯示 CPU 和記憶體使用統計資訊，如圖 2-3 所示。

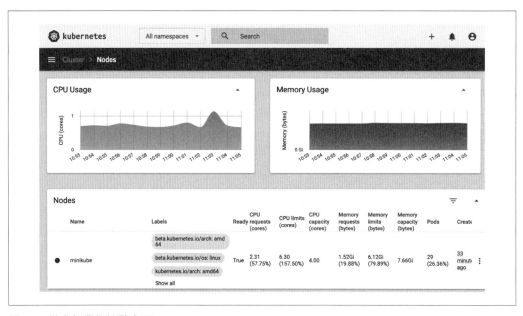

圖 2-3 儀表板叢集節點畫面

討論

你也可以使用 kubectl top 命令在命令列中檢查節點和 pod 的統計資訊：

```
$ kubectl top pods -A
NAMESPACE     NAME                                     CPU(cores)   MEMORY(bytes)
kube-system   coredns-5d78c9869d-5fh78                 9m           9Mi
kube-system   etcd-minikube                            164m         36Mi
kube-system   kube-apiserver-minikube                  322m         254Mi
kube-system   kube-controller-manager-minikube         123m         35Mi
kube-system   kube-proxy-rvl8v                         13m          12Mi
kube-system   kube-scheduler-minikube                  62m          15Mi
kube-system   storage-provisioner                      22m          7Mi
```

同理，若要觀察節點的統計資訊：

```
$ kubectl top nodes
NAME        CPU(cores)   CPU%   MEMORY(bytes)   MEMORY%
minikube    415m         10%    1457Mi          18%
```

參閱

- Kubernetes Metrics Server GitHub 版本庫（*https://oreil.ly/C_O6W*）

- Resource metrics pipeline 文件（*https://oreil.ly/ODZCr*）

2.8 從 GitHub 下載 Kubernetes 版本

問題

你想要下載 Kubernetes 官方釋出版，而不是編譯原始碼。

解決方案

Kubernetes 專案為每一個發行版本公布一個存檔（archive）。你可以在特定發行版本的 CHANGELOG 檔案裡找到存檔的連結。請至專案網頁的 *CHANGELOG* 資料夾（*https://oreil.ly/MMwRs*），打開你想要使用的發行版的 CHANGELOG 檔案，在檔案裡面有下載該發行版的 *kubernetes.tar.gz* 檔案的連結。

譬如，若要下載 v1.28.0 版本，請打開 *CHANGELOG-1.28.md*，並在「Downloads for v1.28.0」標題下找到 *kubernetes.tar.gz* 的連結（*https://dl.k8s.io/v1.28.0/kubernetes.tar.gz*）。

```
$ wget https://dl.k8s.io/v1.28.0/kubernetes.tar.gz
```

如果你要用原始碼來編譯 Kubernetes，請參見訣竅 15.1。

討論

CHANGELOG 檔案也列出 *kubernetes.tar.gz* 存檔的 sha512 hash。建議你驗證 *kubernetes. tar.gz* 存檔的完整性，以確保它沒有被篡改。做法是在本地生成已下載的存檔的 sha512 雜湊值，並比較它與 CHANGELOG 裡面的雜湊值：

```
$ sha512sum kubernetes.tar.gz
9aaf7cc004d09297dc7bbc1f0149....  kubernetes.tar.gz
```

2.9 下載用戶端和伺服器的二進制檔

問題

你已經下載一個發行版存檔（參見訣竅 2.8），但它沒有實際的二進制檔。

解決方案

發行版存檔裡面沒有二進制檔案（為了避免發行版存檔太大），所以你要另外下載二進制檔案。為此，執行 *get-kube-binaries.sh* 命令稿，如下所示：

```
$ tar -xvf kubernetes.tar.gz
$ cd kubernetes/cluster
$ ./get-kube-binaries.sh
```

完成後，在 *client/bin* 裡面有用戶端二進制檔：

```
$ ls ../client/bin
kubectl     kubectl-convert
```

以及一個包含伺服器二進制檔的存檔，在 *server/kubernetes* 內：

```
$ ls ../server/kubernetes
kubernetes-server-linux-amd64.tar.gz    kubernetes-manifests.tar.gz    README
...
```

討論

如果你想要跳過下載整個發行版存檔的過程，並快速地下載用戶端和伺服器二進制檔案，你可以在 Download Kubernetes（*https://oreil.ly/tdN0P*）取得它們。這個網頁有前往各種作業系統和架構組合的二進制檔案連結，如圖 2-4 所示。

	OPERATING SYSTEMS					ARCHITECTUR
	darwin	linux	windows	386	amd64 arm	arm64

Version	Operating System	Architecture	Download Binary	Copy Lir
v1.28.3	darwin	amd64	kubectl	📋 dl.k8
v1.28.3	darwin	amd64	kubectl-convert	📋 dl.k8
v1.28.3	darwin	arm64	kubectl	📋 dl.k8
v1.28.3	darwin	arm64	kubectl-convert	📋 dl.k8

圖 2-4 downloadkubernetes.com，列出 Kubernetes v1.28.0 發行版的 Darwin 作業系統二進制檔案

2.10 使用 systemd 單元檔案來運行 Kubernetes 組件

問題

你已經使用 Minikube（參見訣竅 1.2）來學習，並知道如何使用 kubeadm（參見訣竅 2.2）來引導 Kubernetes 叢集了，但你想要從頭開始安裝一個叢集。

解決方案

為此，你要使用 systemd 單元檔案（unit file）來執行 Kubernetes 組件。這裡的例子只是一個使用 systemd 來運行 kubelet 的基本範例。

觀察 kubeadm 如何配置 Kubernetes daemon 來使用 systemd 單元檔案以進行啟動，可以幫助你自行瞭解如何操作。仔細觀察 kubeadm 配置可以發現 kubelet 在叢集的每一個節點上運行，包括控制平面節點。

舉個例子，你可以藉著登入使用 kubeadm（參見訣竅 2.2）來建構的叢集的任何節點來重現它：

```
$ systemctl status kubelet
● kubelet.service - kubelet: The Kubernetes Node Agent
     Loaded: loaded (/lib/systemd/system/kubelet.service; enabled;
     vendor preset: enabled)
    Drop-In: /etc/systemd/system/kubelet.service.d
             └─10-kubeadm.conf
     Active: active (running) since Tue 2023-05-30 04:21:29 UTC; 2h 49min ago
       Docs: https://kubernetes.io/docs/home/
   Main PID: 797 (kubelet)
      Tasks: 11 (limit: 2234)
     Memory: 40.2M
        CPU: 5min 14.792s
     CGroup: /system.slice/kubelet.service
             └─797 /usr/bin/kubelet \
               --bootstrap-kubeconfig=/etc/kubernetes/bootstrap-kubelet.conf \
               --kubeconfig=/etc/kubernetes/kubelet.conf \
               --config=/var/lib/kubelet/config.yaml \
               --container-runtime-endpoint=unix:///var/run/crio/crio.sock \
               --pod-infra-container-image=registry.k8s.io/pause:3.9
```

這提供一個前往 */lib/systemd/system/kubelet.service* 中的 systemd 單元檔案的連結，以及前往 */etc/systemd/system/kubelet.service.d/10-kubeadm.conf* 中的配置的連結。

單元檔案很簡單 —— 它指向安裝於 */usr/bin* 中的 kubelet 二進制檔案：

```
[Unit]
Description=kubelet: The Kubernetes Node Agent
Documentation=https://kubernetes.io/docs/home/
Wants=network-online.target
After=network-online.target

[Service]
ExecStart=/usr/bin/kubelet
Restart=always
StartLimitInterval=0
RestartSec=10

[Install]
WantedBy=multi-user.target
```

你可以在配置檔案中看到 kubelet 二進制檔是如何啟動的：

```
[Service]
Environment="KUBELET_KUBECONFIG_ARGS=--bootstrap-kubeconfig=/etc/kubernetes/
bootstrap-kubelet.conf --kubeconfig=/etc/kubernetes/kubelet.conf"
Environment="KUBELET_CONFIG_ARGS=--config=/var/lib/kubelet/config.yaml"
EnvironmentFile=-/var/lib/kubelet/kubeadm-flags.env
EnvironmentFile=-/etc/default/kubelet

ExecStart=
ExecStart=/usr/bin/kubelet $KUBELET_KUBECONFIG_ARGS $KUBELET_CONFIG_ARGS
$KUBELET_KUBEADM_ARGS $KUBELET_EXTRA_ARGS
```

上面指定的選項都是 kubelet 二進制檔的啟動選項（*https://oreil.ly/quccc*），例如使用環境變數 $KUBELET_CONFIG_ARGS 來定義的 --kubeconfig。

討論

systemd（*https://oreil.ly/RmuZp*）是一種系統和服務管理器，它有時被稱為*初始化系統*（*init system*），目前是 Ubuntu 和 CentOS 的預設服務管理器。

剛才展示的單元檔案只處理 kubelet。你可以為 Kubernetes 叢集的所有其他組件（即 API 伺服器、控制器管理器、調度器、代理）編寫自己的單元檔案。Kubernetes the Hard Way（*https://oreil.ly/AWnxD*）有每個組件的單元檔案範例。

然而只要運行 kubelet 即可。實際上，配置選項 --pod-manifest-path 可讓你傳遞一個目錄，kubelet 會在裡面尋找它要自動啟動的 manifest。使用 kubeadm 時，這個目錄會被用來傳遞 API 伺服器、調度器、etcd 和控制器管理器的 manifest。因此，Kubernetes 會管理它自己，被 systemd 管理的東西只有 kubelet 程序。

為了瞭解這一點，你可以列出在 kubeadm-based 的叢集中的 */etc/kubernetes/manifests* 目錄的內容：

```
$ ls -l /etc/kubernetes/manifests
total 16
-rw------- 1 root root 2393 May 29 11:04 etcd.yaml
-rw------- 1 root root 3882 May 29 11:04 kube-apiserver.yaml
-rw------- 1 root root 3394 May 29 11:04 kube-controller-manager.yaml
-rw------- 1 root root 1463 May 29 11:04 kube-scheduler.yaml
```

仔細地看一下 *etcd.yaml* manifest，你可以看到，它是一個 Pod，而且具有一個執行 etcd 的容器：

```
$ cat /etc/kubernetes/manifests/etcd.yaml
apiVersion: v1
kind: Pod
metadata:
  annotations:
    kubeadm.kubernetes.io/etcd.advertise-client-urls: https://10.10.100.30:2379
  creationTimestamp: null
  labels:
    component: etcd
    tier: control-plane
  name: etcd
  namespace: kube-system
spec:
  containers:
  - command:
    - etcd
    - --advertise-client-urls=https://10.10.100.30:2379
    - --cert-file=/etc/kubernetes/pki/etcd/server.crt
    - --client-cert-auth=true
    - --data-dir=/var/lib/etcd
    - --experimental-initial-corrupt-check=true
    - --experimental-watch-progress-notify-interval=5s
    - --initial-advertise-peer-urls=https://10.10.100.30:2380
    - --initial-cluster=master=https://10.10.100.30:2380
    - --key-file=/etc/kubernetes/pki/etcd/server.key
    - --listen-client-urls=https://127.0.0.1:2379,https://10.10.100.30:2379
    - --listen-metrics-urls=http://127.0.0.1:2381
    - --listen-peer-urls=https://10.10.100.30:2380
    - --name=master
    - --peer-cert-file=/etc/kubernetes/pki/etcd/peer.crt
    - --peer-client-cert-auth=true
    - --peer-key-file=/etc/kubernetes/pki/etcd/peer.key
    - --peer-trusted-ca-file=/etc/kubernetes/pki/etcd/ca.crt
    - --snapshot-count=10000
    - --trusted-ca-file=/etc/kubernetes/pki/etcd/ca.crt
    image: registry.k8s.io/etcd:3.5.7-0
    ...
```

參閱

- kubelet 配置選項（*https://oreil.ly/E95yp*）

2.11 在 Google Kubernetes Engine 上建立 Kubernetes 叢集

問題

你想要在 Google Kubernetes Engine（GKE）上建立一個 Kubernetes 叢集。

解決方案

為了使用 GKE，你要先具備這些東西：

- 啟用計費方案的 Google Cloud Platform（GCP）（*https://oreil.ly/CAiDf*）帳號
- 啟用 GKE（*https://oreil.ly/eGX2n*）的 GCP 專案
- 安裝 Google Cloud SDK（*https://oreil.ly/Y00rC*）

Google Cloud SDK 有一個 gcloud CLI 工具，可讓你在命令列上與 GCP 服務互動。安裝 SDK 之後，授權 gcloud 訪問你的 GCP 專案：

```
$ gcloud auth login
```

使用 gcloud 命令列介面，以 container clusters create 命令來建立一個 Kubernetes 叢集：

```
$ gcloud container clusters create oreilly --zone us-east1-b
```

在預設情況下，這會在指定的區域（zone）或地區（region）建立一個具有三個工作節點的 Kubernetes 叢集。主節點由是 GKE 服務管理的，無法訪問。

 如果你不確定要讓 --zone 或 --region 參數使用哪個區域或地區（*https://oreil.ly/4Bvua*），可執行 gcloud compute zones list 或 gcloud compute regions list，並選擇你的附近區域或地區。zone 消耗的資源通常比 region 更少。

叢集使用完畢後，務必刪除它，以避免付費：

```
$ gcloud container clusters delete oreilly --zone us-east1-b
```

討論

你可以使用 Google Cloud Shell（*https://oreil.ly/E-Qcr*）來跳過 gcloud CLI 的安裝，它是純線上的瀏覽器解決方案。

你可以使用這個命令來列出現有的 GKE 叢集：

```
$ gcloud container clusters list --zone us-east1-b
NAME      ZONE        MASTER_VERSION    MASTER_IP      ... STATUS
oreilly   us-east1-b  1.24.9-gke.2000   35.187.80.94   ... RUNNING
```

你可以用 gcloud CLI 來改變叢集的大小、更新它，以及升級它：

```
...
COMMANDS
...
    resize
       Resizes an existing cluster for running
       containers.
    update
       Update cluster settings for an existing container
       cluster.
    upgrade
       Upgrade the Kubernetes version of an existing
       container cluster.
```

參閱

- GKE 快速入門（*https://oreil.ly/WMDSx*）
- Google Cloud Shell 快速入門（*https://oreil.ly/_w0va*）

2.12 在 Azure Kubernetes Service 上建立 Kubernetes 叢集

問題

你想要在 Azure Kubernetes Service（AKS）上建立 Kubernetes 叢集。

解決方案

為了建立 AKS 叢集，你要有取得這些東西：

- Microsoft Azure 門戶帳號（*https://oreil.ly/PyUA0*）

- 安裝 Azure CLI（*https://oreil.ly/An7xM*）

首先，安裝 Azure CLI 2.0 或以上的版本，然後登入 Azure：

```
$ az --version | grep "^azure-cli"
azure-cli                       2.50.0 *

$ az login
To sign in, use a web browser to open the page https://aka.ms/devicelogin and
enter the code XXXXXXXXX to authenticate.
[
  {
    "cloudName": "AzureCloud",
    "id": "**************************",
    "isDefault": true,
    "name": "Free Trial",
    "state": "Enabled",
    "tenantId": "****************************",
    "user": {
      "name": "******@hotmail.com",
      "type": "user"
    }
  }
]
```

建立一個名為 k8s 的 Azure 資源群組，用來存放你的所有 AKS 資源，例如 VM 和網路
組件，以便稍後進行清理和拆卸：

```
$ az group create --name k8s --location northeurope
{
  "id": "/subscriptions/************************/resourceGroups/k8s",
  "location": "northeurope",
  "managedBy": null,
  "name": "k8s",
  "properties": {
    "provisioningState": "Succeeded"
  },
  "tags": null,
  "type": "Microsoft.Resources/resourceGroups"
}
```

如果你不確定要將 --location 參數設成什麼（*https://oreil.ly/fdGdc*），請
執行 az account list-locations，然後選擇離你最近的地區。

設好 k8s 資源群組之後，你可以建立帶有一個工作節點（在 Azure 術語中稱為 *agent*）
的叢集：

```
$ az aks create -g k8s -n myAKSCluster --node-count 1 --generate-ssh-keys
{
  "aadProfile": null,
  "addonProfiles": null,
  "agentPoolProfiles": [
    {
      "availabilityZones": null,
      "count": 1,
      "creationData": null,
      "currentOrchestratorVersion": "1.26.6",
```

請注意，az aks create 命令可能需要跑幾分鐘才能完成。完成後，該命令會回傳一個
JSON 物件，裡面有關於已建立的叢集的資訊。

因此，在 Azure 門戶中，你應該會看到圖 2-5 的畫面。先找到 k8s 資源群組，然後前往
Deployments 標籤。

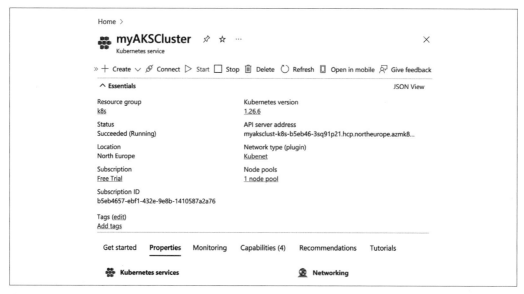

圖 2-5 Azure 門戶，顯示一個在 k8s 資源群組中的 AKS 叢集

現在可以連接至叢集了：

```
$ az aks get-credentials --resource-group k8s --name myAKSCluster
```

你可以在環境中四處探索，並確認設定是否正確：

```
$ kubectl cluster-info
Kubernetes master is running at https://k8scb-k8s-143f1emgmt.northeurope.cloudapp
  .azure.com
Heapster is running at https://k8scb-k8s-143f1emgmt.northeurope.cloudapp.azure
  .com/api/v1/namespaces/kube-system/services/heapster/proxy
KubeDNS is running at https://k8scb-k8s-143f1emgmt.northeurope.cloudapp.azure
  .com/api/v1/namespaces/kube-system/services/kube-dns/proxy
kubernetes-dashboard is running at https://k8scb-k8s-143f1emgmt.northeurope
  .cloudapp.azure.com/api/v1/namespaces/kube-system/services/kubernetes-dashboard
  /proxy
tiller-deploy is running at https://k8scb-k8s-143f1emgmt.northeurope.cloudapp
  .azure.com/api/v1/namespaces/kube-system/services/tiller-deploy/proxy

To further debug and diagnose cluster problems, use 'kubectl cluster-info dump'.

$ kubectl get nodes
NAME                              STATUS   ROLES   AGE   VERSION
aks-nodepool1-78916010-vmss000000 Ready    agent   26m   v1.24.9
```

從輸出中可以看出，我們確實建立了一個單節點叢集。

> 如果你不想要或無法安裝 Azure CLI，另一個選擇是於瀏覽器使用 Azure
> Cloud Shell（*https://oreil.ly/IUFJQ*）。

當你探索完 AKS 之後，別忘了關閉叢集，並刪除所有資源，做法是刪除資源組 k8s：

```
$ az group delete --name k8s --yes --no-wait
```

雖然 az group delete 命令因為用了 --no-wait 旗標而立即 return，但移除所有資源並實
際銷毀資源群組可能需要 10 分鐘之久。你可能要在 Azure 門戶中檢查一下，以確保一
切按照計劃進行。

參閱

- Microsoft Azure 文件內的「Quickstart: Deploy an Azure Kubernetes Service cluster using Azure CLI」（*https://oreil.ly/YXv3B*）

2.13 在 Amazon Elastic Kubernetes Service 上建立 Kubernetes 叢集

問題

你想要在 Amazon Elastic Kubernetes Service（EKS）上建立 Kubernetes 叢集。

解決方案

在 Amazon EKS 內建立叢集需要準備這些東西：

- Amazon Web Services（*https://aws.amazon.com*）帳號

- 安裝 AWS CLI（*https://aws.amazon.com/cli*）

- 安裝 eksctl（*https://eksctl.io*）CLI 工具

安裝 AWS CLI 後，認證用戶端（*https://oreil.ly/_6VMv*）以進入你的 AWS 帳號：

```
$ aws configure
AWS Access Key ID [None]: AKIAIOSFODNN7EXAMPLE
AWS Secret Access Key [None]: wJalrXUtnFEMI/K7MDENG/bPxRfiCYEXAMPLEKEY
Default region name [None]: eu-central-1
Default output format [None]:
```

eksctl 工具是 Amazon EKS 的官方 CLI。它使用你向 AWS 證明身分的 AWS 憑證。現在使用 eksctl 來建立叢集：

```
$ eksctl create cluster --name oreilly --region eu-central-1
2023-08-29 13:21:12 [i]  eksctl version 0.153.0-dev+a79b3826a.2023-08-18T...
2023-08-29 13:21:12 [i]  using region eu-central-1
...
2023-08-29 13:36:52 [ ✔ ]  EKS cluster "oreilly" in "eu-central-1" region is ready
```

在預設情況下，eksctl 會在指定的區域中建立一個具有兩個工作節點的叢集。你可以指定 `--nodes` 旗標來更改這個參數。

> 為了讓延遲降到最低，你要選擇離你最近的 AWS 區域（*https://oreil.ly/Kc9GZ*）。

當你不再需要 EKS 叢集時，請刪除它，以免為未使用的資源而付費：

```
$ eksctl delete cluster oreilly --region eu-central-1
```

參閱

- eksctl Introduction（*https://eksctl.iao/getting-started*）

- Amazon Elastic Kubernetes Service（*https://aws.amazon.com/eks*）

## 第三章

使用 Kubernetes 用戶端

本章收集 Kubernetes CLI（kubectl）的基本使用訣竅。關於安裝 CLI 工具的訣竅，可參見第 1 章；關於進階用途，可參見第 7 章，我們將在那裡展示如何使用 Kubernetes API。

3.1 列出資源

問題

你想要列出某類型的 Kubernetes 資源。

解決方案

使用 kubectl 的 get 動詞以及資源類型。列出所有 pod 的命令是：

```
$ kubectl get pods
```

列出所有服務與 deployment（注意，在逗號後面沒有空格）的命令是：

```
$ kubectl get services,deployments
```

列出具體 deployment 的命令是：

```
$ kubectl get deployment <deployment-name>
```

列出所有資源的命令是：

```
$ kubectl get all
```

注意，kubectl get 是一種非常基本但極其有用的命令，它可以快速顯示叢集現況概要，基本上相當於 Unix 的 ps 命令。

Kubernetes 資源的簡稱

很多資源都有可以在 kubectl 裡面使用的簡稱，它們可以省下你的時間和麻煩，舉一些例子：

- configmaps（又名 cm）
- daemonsets（又名 ds）
- deployments（又名 deploy）
- endpoints（又名 ep）
- events（又名 ev）
- horizontalpodautoscalers（又名 hpa）
- ingresses（又名 ing）
- namespaces（又名 ns）
- nodes（又名 no）
- persistentvolumeclaims（又名 pvc）
- persistentvolumes（又名 pv）
- pods（又名 po）
- replicasets（又名 rs）
- replicationcontrollers（又名 rc）
- resourcequotas（又名 quota）
- serviceaccounts（又名 sa）
- services（又名 svc）

討論

我們強烈建議啟用自動完成功能，以免必須記住所有 Kubernetes 資源名稱，做法的細節參見訣竅 12.1。

3.2 刪除資源

問題

你不再需要資源了，想要刪除它們。

解決方案

使用 kubectl 的 delete 動詞，以及你想要刪除的資源類型和名稱。

你可以這樣刪除名稱空間 my-app 內的所有資源，以及該名稱空間本身：

```
$ kubectl get ns
NAME          STATUS   AGE
default       Active   2d
kube-public   Active   2d
kube-system   Active   2d
my-app        Active   20m

$ kubectl delete ns my-app
namespace "my-app" deleted
```

注意，你不能刪除 Kubernetes 裡的 default 名稱空間，這也是你應該建立屬於自己的名稱空間的另一個理由，因為這可以讓你更輕鬆地清理環境。然而，你仍然可以使用下面的命令來刪除名稱空間內的所有物件，例如 default 名稱空間內的：

```
$ kubectl delete all --all -n <namespace>
```

如果你想知道如何建立名稱空間，請參見訣竅 7.3。

你也可以刪除特定的資源和（或）影響它們被銷毀的過程。你可以這樣刪除被標為 app=niceone 的服務和 deployment：

```
$ kubectl delete svc,deploy -l app=niceone
```

這樣強制刪除名為 hangingpod 的 pod：

```
$ kubectl delete pod hangingpod --grace-period=0 --force
```

這樣刪除名稱空間 test 裡的所有 pod：

```
$ kubectl delete pods --all --namespace test
```

討論

切勿刪除被 deployment 直接控制的受監督物件，例如 pod 或 replica 集合，你應該刪除它們的監督者，或使用專用的操作來刪除受管理的資源。例如，將 deployment 的副本數量減為零（參見訣竅 9.1）就會刪除被它管理的所有 pod。

另一個需要考慮的層面是級聯（cascading）vs. 直接刪除 —— 例如，當你刪除一個自訂資源定義（custom resource definition，CRD）時，它的所有依賴物件也會被刪除，參見訣竅 15.4。要進一步瞭解如何影響級聯刪除政策，請閱讀 Kubernetes 文件中的 Garbage Collection 部分（*https://oreil.ly/8AcpW*）。

3.3 使用 kubectl 來觀察資源的變化

問題

你想要在終端機中以互動的方式監視 Kubernetes 物件的變化。

解決方案

kubectl 命令有 --watch 選項可以提供這種行為。你可以這樣監視 pod：

```
$ kubectl get pods --watch
```

注意，這是一個阻塞（blocking）且自動更新的命令，類似 top。

討論

--watch 選項很有用，但有些人比較喜歡使用 watch 命令（*https://oreil.ly/WPueN*）的輸出格式，例如：

```
$ watch kubectl get pods
```

3.4 使用 kubectl 來編輯物件

問題

你想要更新 Kubernetes 物件的屬性。

解決方案

使用 kubectl 的 edit 動詞以及物件類型：

```
$ kubectl run nginx --image=nginx
$ kubectl edit pod/nginx
```

然後在編輯器中編輯 nginx pod，例如加入一個名為 mylabel 的新標籤，並將其值設為 true。儲存後，你會看到類似以下的資訊：

```
pod/nginx edited
```

討論

如果你的編輯器沒有打開，或你想要指定想用的編輯器，請將 EDITOR 或 KUBE_EDITOR 環境變數設為你想使用的編輯器的名稱。例如：

```
$ export EDITOR=vi
```

還有，並非所有更改都會觸發物件更新。

有些觸發操作有捷徑，例如，若要改變 deployment 使用的映像版本，只要執行 kubectl set image 即可，它會更新資源的現有容器映像（適用於部署、副本集合／複製控制器、daemon 集合、工作（job）和簡單的 pod）。

3.5 要求 kubectl 解釋資源與欄位

問題

你想要更深入地瞭解某種資源，例如 Service，和（或）瞭解 Kubernetes manifest 的特定欄位的意義，包括預設值，以及它是必需的還是選用的。

解決方案

使用 kubectl 的 explain 動詞：

```
$ kubectl explain svc
KIND:        Service
VERSION:     v1

DESCRIPTION:
Service is a named abstraction of software service (for example, mysql)
consisting of local port (for example 3306) that the proxy listens on, and the
selector that determines which pods will answer requests sent through the proxy.

FIELDS:
   status        <Object>
     Most recently observed status of the service. Populated by the system.
     Read-only. More info: https://git.k8s.io/community/contributors/devel/
     api-conventions.md#spec-and-status/

   apiVersion    <string>
     APIVersion defines the versioned schema of this representation of an
     object. Servers should convert recognized schemas to the latest internal
     value, and may reject unrecognized values. More info:
     https://git.k8s.io/community/contributors/devel/api-conventions.md#resources

   kind <string>
     Kind is a string value representing the REST resource this object
     represents. Servers may infer this from the endpoint the client submits
     requests to. Cannot be updated. In CamelCase. More info:
     https://git.k8s.io/community/contributors/devel/api-conventions
     .md#types-kinds

   metadata      <Object>
     Standard object's metadata. More info:
     https://git.k8s.io/community/contributors/devel/api-conventions.md#metadata

   spec <Object>
     Spec defines the behavior of a service. https://git.k8s.io/community/
     contributors/devel/api-conventions.md#spec-and-status/

$ kubectl explain svc.spec.externalIPs
KIND:        Service
VERSION:     v1

FIELD: externalIPs <[]string>
```

```
DESCRIPTION:
     externalIPs is a list of IP addresses for which nodes in the cluster will
     also accept traffic for this service.  These IPs are not managed by
     Kubernetes.  The user is responsible for ensuring that traffic arrives at a
     node with this IP.  A common example is external load-balancers that are not
     part of the Kubernetes system.
```

討論

kubectl explain（*https://oreil.ly/chI_-*）命令會從 API 伺服器公開的 Swagger/OpenAPI 定義（*https://oreil.ly/19vi3*）中提取資源和欄位的說明。

你可以將 kubectl explain 當成描述 Kubernetes 資源結構的一種方式，kubectl describe 則是描述物件值的一種方式，那些物件是這些結構化資源的實例。

參閱

- Ross Kukulinski 的部落格文章「kubectl explain — #HeptioProTip」（*https://oreil.ly/LulwG*）

## 第四章

建立和修改基本工作負載

本章將以一些範例來展示如何管理基本的 Kubernetes 工作負載類型：pod 和 deployment。我們會展示如何透過 CLI 命令和 AML manifest 來建立 deployment 和 pod，並解釋如何縮放和更新 deployment。

4.1 使用 kubectl run 來建立 pod

問題

你想要快速啟動一個長期運行的應用程式，例如 web 伺服器。

解決方案

使用 kubectl run 命令，這是一個動態建立 pod 的產生器。例如，若要建立一個運行 NGINX 反向代理的 pod，可執行：

```
$ kubectl run nginx --image=nginx

$ kubectl get pod/nginx
NAME    READY   STATUS    RESTARTS   AGE
nginx   1/1     Running   0          3m55s
```

討論

kubectl run 命令可以接受多個參數，以設定 pod 的其他參數。例如，你可以做這些事情：

- 用 --env 來設定環境變數。
- 用 --port 來定義容器連接埠。
- 用 --command 來定義要執行的命令。
- 用 --expose 來自動建立相關的服務。
- 用 --dry-run=client 來測試，但不實際執行任何東西。

典型的用法如下。下面的命令可以啟動於連接埠 2368 提供服務的 NGINX，並建立一個服務：

```
$ kubectl run nginx --image=nginx --port=2368 --expose
```

下面的命令可以啟動 MySQL 並設定 root 密碼：

```
$ kubectl run mysql --image=mysql --env=MYSQL_ROOT_PASSWORD=root
```

下面的命令可以啟動一個 busybox 容器並在啟動時執行命令 sleep 3600：

```
$ kubectl run myshell --image=busybox:1.36 --command -- sh -c "sleep 3600"
```

你也可以輸入 kubectl run --help 以獲得關於參數的詳細資訊。

4.2 使用 kubectl create 來建立 deployment

問題

你想要快速啟動一個長期運行的應用程式，例如內容管理系統。

解決方案

使用 kubectl create deployment 來即時建立部署 manifest。例如，下面的命令可以建立一個運行 WordPress 內容管理系統的 deployment：

```
$ kubectl create deployment wordpress --image wordpress:6.3.1

$ kubectl get deployments.apps/wordpress
NAME        READY   UP-TO-DATE   AVAILABLE   AGE
wordpress   1/1     1            1           90s
```

討論

kubectl create deployment 命令可以接收多個參數，以配置 deployment 的其他參數。例如，你可以做這些事情：

- 用 --port 來定義容器連接埠。
- 用 --replicas 來定義複本的數量。
- 用 --dry-run=client 來測試，但不實際執行任何東西。
- 用 --output yaml 來提供所建立的 manifest。

你也可以使用 kubectl create deployment --help 來獲得關於可用參數的詳細資訊。

4.3 用檔案 manifest 來建立物件

問題

你不想用 kubectl run 之類的方法來透過 generator 建立物件，而是想要明確地定義它的屬性，再建立它。

解決方案

像這樣使用 kubectl apply：

```
$ kubectl apply -f <manifest>
```

在訣竅 7.3 中，你將看到如何使用 YAML manifest 來建立名稱空間。這是最簡單的範例，因為 manifest 非常簡短。它可以用 YAML 或 JSON 格式來編寫，例如，像這樣使用 YAML manifest 檔案 *myns.yaml*：

```
apiVersion: v1
kind: Namespace
metadata:
  name: myns
```

你可以用這個命令來建立此物件：

```
$ kubectl apply -f myns.yaml
```

用這個命令來確認名稱空間已建立：

```
$ kubectl get namespaces
```

討論

你可以將 kubectl apply 指向一個 URL，而不是一個位於本地檔案系統中的檔案名稱。
例如，若要為標準的 Guestbook 應用程式建立前端，你可以取得以單一 manifest 來定義
應用程式的原始 YAML 的 URL，並輸入以下命令：

```
$ kubectl apply -f https://raw.githubusercontent.com/kubernetes/examples/
    master/guestbook/all-in-one/guestbook-all-in-one.yaml
```

並且用這個命令來確定這項操作確實有建立資源：

```
$ kubectl get all
```

4.4 從頭開始編寫 pod manifest

問題

你想要從頭開始編寫一個 pod manifest，並以宣告的方式（declaratively）來套用它，而
不是使用 kubectl run 之類的命令，後者是命令式的做法，不需要手動編輯 manifest。

解決方案

每一個 pod 都是一個 /api/v1 物件，就像任何其他 Kubernetes 物件一樣，其 manifest 檔
案包含以下欄位：

- apiVersion，指定 API 版本

- kind，指出物件的類型

- metadata，提供關於物件的詮釋資料（metadata）

- spec，提供物件的規格

pod manifest 包含一個容器（container）陣列和一個選用的 volume 陣列（參見第 8 章）。它最簡單的形式包含一個容器且沒有 volume，就像這樣：

```
apiVersion: v1
kind: Pod
metadata:
  name: oreilly
spec:
  containers:
  - name: oreilly
    image: nginx:1.25.2
```

將這個 YAML manifest 存到一個名為 *oreilly.yaml* 的檔案中，然後使用 kubectl 來建立它：

```
$ kubectl apply -f oreilly.yaml
```

並且用這個命令來確定這項操作確實建立了資源：

```
$ kubectl get all
```

討論

pod 的 API 規範比 Solution 中顯示的還要豐富，Solution 是最基本的 pod。例如，一個 pod 可以包含多個容器：

```
apiVersion: v1
kind: Pod
metadata:
  name: oreilly
spec:
  containers:
  - name: oreilly
    image: nginx:1.25.2
  - name: safari
    image: redis:7.2.0
```

一個 pod 也可以包含 volume 定義，以便在容器中載入資料（參見訣竅 8.1），以及用來檢查容器化應用程式健康狀況的 probe（參見訣竅 11.2 和 11.3）。

文件詳細介紹了許多規格欄位背後的想法，並提供完整的 API 物件規範的連結（*https://oreil.ly/pSCBL*）。

 除非出於非常具體的理由，否則絕對不要單獨建立一個 pod。你應該使用一個 Deployment 物件（參見訣竅 4.5）來監督 pod，它會透過另一個名為 ReplicaSet 的物件來監督 pod。

4.5 使用 manifest 來啟動 deployment

問題

你想要完全控制（長期運行的）應用程式的啟動和監督。

解決方案

撰寫一個 manifest，這方面的基本知識參見訣竅 4.4。

假設你有一個名為 *fancyapp.yaml* 的 manifest 檔案，其內容如下：

```
apiVersion: apps/v1
kind: Deployment
metadata:
  name: fancyapp
spec:
  replicas: 5
  selector:
    matchLabels:
      app: fancy
  template:
    metadata:
      labels:
        app: fancy
        env: development
    spec:
      containers:
      - name: sise
```

```
image: gcr.io/google-samples/hello-app:2.0
ports:
- containerPort: 8080
env:
- name: SIMPLE_SERVICE_VERSION
  value: "2.0"
```

如你所見,在啟動應用程式時,你可能想要明確地指定一些事情:

- 設定應啟動和監督的 pod(replicas)數量,它們是相同的複本。

- 標記它,例如使用 env=development(參見訣竅 7.5 和訣竅 7.6)。

- 設定環境變數,例如 SIMPLE_SERVICE_VERSION。

我們來看看與 deployment 有關的內容:

```
$ kubectl apply -f fancyapp.yaml
deployment.apps/fancyapp created

$ kubectl get deployments
NAME        READY    UP-TO-DATE    AVAILABLE    AGE
fancyapp    5/5      5             5            57s

$ kubectl get replicasets
NAME                    DESIRED    CURRENT    READY    AGE
fancyapp-1223770997     5          5          0        59s

$ kubectl get pods -l app=fancy
NAME                          READY    STATUS     RESTARTS    AGE
fancyapp-74c6f7cfd7-98d97     1/1      Running    0           115s
fancyapp-74c6f7cfd7-9gm2l     1/1      Running    0           115s
fancyapp-74c6f7cfd7-kggsx     1/1      Running    0           115s
fancyapp-74c6f7cfd7-xfs6v     1/1      Running    0           115s
fancyapp-74c6f7cfd7-xntk2     1/1      Running    0           115s
```

 當你想要刪除一個 deployment 以及它所監督的複本集合和 pod 時,應執行 kubectl delete deploy/fancyapp 之類的命令。請勿試著刪除個別的 pod,因為它們會被 deployment 重新建立。這是初學者常見的錯誤。

deployment 可讓你縮放應用程式(參見訣竅 9.1),以及推出新版本,或將 ReplicaSet 復原至以前的版本。它們通常適用於需要具有相同特性的 pod 的無狀態應用程式。

討論

deployment 是 pod 和複本集合（replica sets，RSs）的監督者，可以讓你仔細地控制何時及如何推出新的 pod 版本，或將其復原至以前的狀態。deployment 所監督的 RSs 和 pod 通常與你無關，除非（例如）你需要對一個 pod 進行偵錯（參見訣竅 12.5）。圖 4-1 展示如何在 deployment 版本之間來回移動。

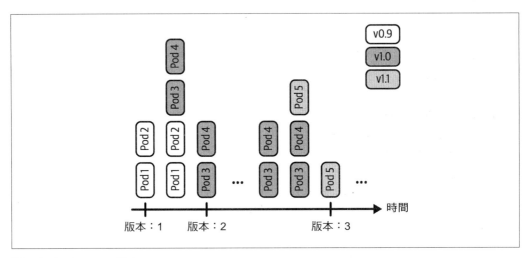

圖 4-1 deployment 版本

你可以使用 kubectl create 命令和 --dry-run=client 選項來為 deployment 生成 manifest，它們可以讓你生成 YAML 或 JSON 格式的 manifest，並保存 manifest 以備後用。例如，下面的命令使用容器映像 nginx 來建立一個名為 fancy-app 的 deployment 的 manifest：

```
$ kubectl create deployment fancyapp --image nginx:1.25.2 -o yaml \
    --dry-run=client
kind: Deployment
apiVersion: apps/v1
metadata:
  name: fancyapp
  creationTimestamp:
  labels:
    app: fancyapp
...
```

參閱

- Kubernetes Deployment 文件（*https://oreil.ly/IAghn*）

4.6 更新 deployment

問題

你有一個 deployment，想要推出應用程式的新版本。

解決方案

更新你的 deployment，並讓預設的更新策略 RollingUpdate 自動處理推出（rollout）。

例如，如果你建立了一個新的容器映像，並且想要用它來更新 deployment，你可以這樣做：

```
$ kubectl create deployment myapp --image=gcr.io/google-samples/hello-app:1.0
deployment.apps/myapp created

$ kubectl set image deployment/myapp \
    hello-app=gcr.io/google-samples/hello-app:2.0
deployment.apps/myapp image updated

$ kubectl rollout status deployment myapp
deployment "myapp" successfully rolled out

$ kubectl rollout history deployment myapp
deployment.apps/myapp
REVISION        CHANGE-CAUSE
1               <none>
2               <non
```

這樣就成功地推出 deployment 的最新改版了，它只更改容器映像，deployment 的其他屬性都保持不變，例如複本數量。但是，如果你想要更新 deployment 的其他方面，例如環境變數呢？你可以使用一些 kubectl 命令來更新 deployment。例如，你可以使用 kubectl edit 來為當下的 deployment 加入一個連接埠定義：

```
$ kubectl edit deploy myapp
```

這個命令將在你的預設編輯器中打開當下的 deployment，或者，當你有設定並匯出時，將在環境變數 KUBE_EDITOR 所指定的編輯器中打開它。

假設你想加入以下的連接埠定義（完整檔案參見圖 4-2）：

```
...
  ports:
  - containerPort: 9876
...
```

圖 4-2 是編輯的結果（在本例中，將 KUBE_EDITOR 設為 vi）。

當你保存並退出編輯器之後，Kubernetes 會啟動一個新的 deployment，使用所定義的連接埠。我們來確認一下：

```
$ kubectl rollout history deployment myapp
deployments "sise"
REVISION        CHANGE-CAUSE
1               <none>
2               <none>
3               <none>
```

我們看到 revision 3 確實已經推出，而且有使用 kubectl edit 來進行的更改。但是 CHANGE-CAUSE 欄位是空的。你可以使用特殊的 annotate（附註）來指出改版的變更原因。下面是為最近的改版設定改變原因的範例：

```
$ kubectl annotate deployment/myapp \
    kubernetes.io/change-cause="Added port definition."
deployment.apps/myapp annotate
```

```
# Please edit the object below. Lines beginning with a '#' will be ignored,
# and an empty file will abort the edit. If an error occurs while saving this file will be
# reopened with the relevant failures.
#
apiVersion: apps/v1
kind: Deployment
metadata:
  annotations:
    deployment.kubernetes.io/revision: "2"
  creationTimestamp: "2023-09-13T05:06:27Z"
  generation: 2
  labels:
    app: myapp
  name: myapp
  namespace: default
  resourceVersion: "563"
  uid: e2400f36-0438-43fc-8c28-2201e5661ded
spec:
  progressDeadlineSeconds: 600
  replicas: 1
  revisionHistoryLimit: 10
  selector:
    matchLabels:
      app: myapp
  strategy:
    rollingUpdate:
      maxSurge: 25%
      maxUnavailable: 25%
    type: RollingUpdate
  template:
    metadata:
      creationTimestamp: null
      labels:
        app: myapp
    spec:
      containers:
      - image: gcr.io/google-samples/hello-app:2.0
        imagePullPolicy: IfNotPresent
        name: hello-app
        ports:
        - containerPort: 9876
        resources: {}
        terminationMessagePath: /dev/termination-log
        terminationMessagePolicy: File
      dnsPolicy: ClusterFirst
      restartPolicy: Always
      schedulerName: default-scheduler
      securityContext: {}
      terminationGracePeriodSeconds: 30
-- INSERT --
```

圖 4-2 編輯 deployment

如前所述，你還可以使用其他的 kubectl 命令來更新 deployment：

- 使用 kubectl apply 來以 manifest 更新 deployment（或如果它不存在則創造它），例如，kubectl apply -f simpleservice.yaml。

- 使用 kubectl replace 來用 manifest 檔案替換 deployment，例如 kubectl replace -f simpleservice.yaml。請注意，與 apply 不同的是，若要使用 replace，deployment 必須存在。

- 使用 kubectl patch 來更新特定的金鑰，例如：

```
kubectl patch deployment myapp -p '{"spec": {"template":
{"spec": {"containers":
[{"name": "sise", "image": "gcr.io/google-samples/hello-app:2.0"}]}}}}'
```

如果你犯了錯誤，或是遇到新 deployment 版本的問題怎麼辦？幸運的是，Kubernetes 可讓你輕鬆地使用 kubectl rollout undo 命令來復原至已知的良好狀態。例如，假設最後一次編輯是錯的，你可以使用以下的命令復原到 revision 2：

```
$ kubectl rollout undo deployment myapp   to revision 2
```

然後使用 kubectl get deploy/myapp -o yaml 來確認連接埠定義已被移除。

> deployment 的 rollout 僅在部分的 pod 模板改變時（即，在 .spec.template 之下的金鑰）觸發，例如環境變數、連接埠或容器映像。改變 deployment 的某些層面，例如複本（replica）數，不會觸發新的 deployment。

4.7 執行批次工作（job）

問題

你想要執行一個需要一段時間才能完成的程序，例如批次轉換、備份操作，或資料庫架構（schema）升級。

解決方案

使用 Kubernetes Job（*https://oreil.ly/1whb2*）來啟動和監督將執行批次程序的 pod(s)。

首先，在名為 *counter-batch-job.yaml* 的檔案中定義 job 的 Kubernetes manifest：

```
apiVersion: batch/v1
kind: Job
metadata:
  name: counter
spec:
  template:
    metadata:
      name: counter
    spec:
      containers:
      - name: counter
        image: busybox:1.36
        command:
          - "sh"
          - "-c"
          - "for i in 1 2 3 ; do echo $i ; done"
      restartPolicy: Never
```

然後啟動 job，並看一下它的狀態：

```
$ kubectl apply -f counter-batch-job.yaml
job.batch/counter created

$ kubectl get jobs
NAME      COMPLETIONS   DURATION   AGE
counter   1/1           7s         12s

$ kubectl describe jobs/counter
Name:             counter
Namespace:        default
Selector:         controller-uid=2d21031e-7263-4ff1-becd-48406393edd5
Labels:           controller-uid=2d21031e-7263-4ff1-becd-48406393edd5
                  job-name=counter
Annotations:      batch.kubernetes.io/job-tracking:
Parallelism:      1
Completions:      1
Completion Mode:  NonIndexed
Start Time:       Mon, 03 Apr 2023 18:19:13 +0530
Completed At:     Mon, 03 Apr 2023 18:19:20 +0530
Duration:         7s
Pods Statuses:    0 Active (0 Ready) / 1 Succeeded / 0 Failed
Pod Template:
  Labels:  controller-uid=2d21031e-7263-4ff1-becd-48406393edd5
           job-name=counter
```

```
Containers:
 counter:
  Image:        busybox:1.36
  Port:         <none>
  Host Port:    <none>
  Command:
    sh
    -c
    for i in 1 2 3 ; do echo $i ; done
  Environment:  <none>
  Mounts:       <none>
 Volumes:       <none>
Events:
  Type    Reason          Age   From            Message
  ----    ------          ----  ----            -------
  Normal  SuccessfulCreate  30s   job-controller  Created pod: counter-5c8s5
  Normal  Completed         23s   job-controller  Job completed
```

最後，確定它確實執行了任務（從 1 數到 3）：

```
$ kubectl logs jobs/counter
1
2
3
```

如你所見，counter job 一如預期地計數。

討論

在 job 成功執行後，由該 job 建立的 pod 將處於 *Completed* 狀態。如果你不再需要 job，你可以刪除它，這會清除它建立的 pod：

```
$ kubectl delete jobs/counter
```

你也可以暫停 job 的執行，稍後再恢復它。暫停 job 也會清理它建立的 pod：

```
$ kubectl patch jobs/counter --type=strategic --patch '{"spec":{"suspend":true}}'
```

只要切換 suspend 旗標即可恢復 job：

```
$ kubectl patch jobs/counter --type=strategic \
    --patch '{"spec":{"suspend":false}}'
```

4.8 在 pod 內按照時程執行任務

問題

你想要在 Kubernetes 所管理的 pod 內按照特定的時程執行任務。

解決方案

使用 Kubernetes CronJob 物件。CronJob 物件是比較通用的 Job 物件的衍生物件（參見訣竅 4.7）。

你可以編寫類似這裡展示的 manifest 來定期安排 job。在 spec 中，你可以看到一個遵循 crontab 格式的 schedule 部分。你也可以使用一些巨集，例如 @hourly、@daily、@weekly、@monthly 和 @yearly。template 部分定義將要運行的 pod，以及將被執行的命令（這一個範例會在每小時將當下日期和時間印至 stdout 一次）：

```
apiVersion: batch/v1
kind: CronJob
metadata:
  name: hourly-date
spec:
  schedule: "0 * * * *"
  jobTemplate:
    spec:
      template:
        spec:
          containers:
          - name: date
            image: busybox:1.36
            command:
              - "sh"
              - "-c"
              - "date"
          restartPolicy: OnFailure
```

討論

和 job 一樣，cron job 也可以藉著切換 suspend 旗標來暫停和恢復。例如：

```
$ kubectl patch cronjob.batch/hourly-date --type=strategic \
    --patch '{"spec":{"suspend":true}}'
```

如果你不再需要 cron job，可刪除它，以清理它建立的 pod：

```
$ kubectl delete cronjob.batch/hourly-date
```

參閱

• Kubernetes CronJob 文件（*https://oreil.ly/nrxxh*）

4.9 在每個節點上運行基礎架構 daemon

問題

你想要啟動一個基礎架構 daemon，例如 log 收集器或監視代理，並確保每個節點僅運行一個 pod。

解決方案

使用 DaemonSet 來啟動和監督 daemon 程序。例如，若要在叢集中的每一個節點啟動一個 Fluentd 代理，可建立一個名為 *fluentd-daemonset.yaml* 的檔案，並加入以下內容：

```
kind: DaemonSet
apiVersion: apps/v1
metadata:
  name: fluentd
spec:
  selector:
    matchLabels:
      app: fluentd
  template:
    metadata:
      labels:
        app: fluentd
      name: fluentd
    spec:
      containers:
      - name: fluentd
        image: gcr.io/google_containers/fluentd-elasticsearch:1.3
        env:
        - name: FLUENTD_ARGS
          value: -qq
```

```
          volumeMounts:
            - name: varlog
              mountPath: /varlog
            - name: containers
              mountPath: /var/lib/docker/containers
          volumes:
            - hostPath:
                path: /var/log
              name: varlog
            - hostPath:
                path: /var/lib/docker/containers
              name: containers
```

然後這樣啟動 DaemonSet：

```
$ kubectl apply -f fluentd-daemonset.yaml
daemonset.apps/fluentd created
```

```
$ kubectl get ds
NAME      DESIRED   CURRENT   READY   UP-TO-DATE   AVAILABLE   NODE SELECTOR   AGE
fluentd   1         1         1       1            1           <none>          60s
```

```
$ kubectl describe ds/fluentd
Name:           fluentd
Selector:       app=fluentd
Node-Selector:  <none>
Labels:         <none>
Annotations:    deprecated.daemonset.template.generation: 1
Desired Number of Nodes Scheduled: 1
Current Number of Nodes Scheduled: 1
Number of Nodes Scheduled with Up-to-date Pods: 1
Number of Nodes Scheduled with Available Pods: 1
Number of Nodes Misscheduled: 0
Pods Status:  1 Running / 0 Waiting / 0 Succeeded / 0 Failed
...
```

討論

請注意，在上面的輸出中，因為命令在 Minikube 上執行，你只會看到一個 pod 在運行，因為在這個設定中只有一個節點。如果你的叢集有 15 個節點，pod 總共會有 15 個，每個節點運行一個 pod。你也可以使用 DaemonSet manifest 規格中的 nodeSelector 部分來將 daemon 限制為特定節點。

## 第五章

使用服務

在這一章，我們將討論叢集內的 pod 如何互相通訊、應用程式如何發現彼此，以及如何公開 pod，讓它們可以從叢集外面訪問。

我們在此使用的資源稱為 Kubernetes *service*（服務）（*https://oreil.ly/BGn9e*），如圖 5-1 所示。

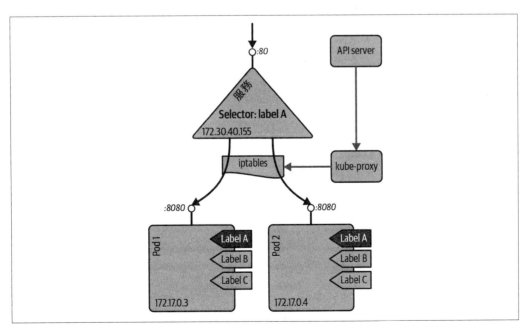

圖 5-1 Kubernetes 服務概念

每一個服務都為一組 pod 提供穩定的虛擬 IP (VIP) 位址。儘管 pod 可能來來去去，但服務可讓用戶端使用 VIP 來穩定地發現和連接在 pod 中運行的容器。在 VIP 中的「virtual（虛擬）」意味著它並非連接至網路介面的實際 IP 位址，它的目的純粹是將流量轉傳至一個或多個 pod。讓 VIP 和 pod 之間的對映關係維持最新狀態是 kube-proxy 的工作，kube-proxy 是在叢集內的每一個節點上運行的一個程序，它會查詢 API 伺服器以瞭解叢集中的新服務，並相應地更新節點的 iptables 規則（iptables），以提供必要的路由資訊。

5.1 建立服務以公開你的應用程式

問題

你想要用一種穩定可靠的方式來發現並操作叢集內的應用程式。

解決方案

為組成應用程式的 pod 建立一個 Kubernetes 服務。

假設你使用 kubectl create deployment nginx --image nginx:1.25.2 來建立一個 nginx 部署，你可以使用 kubectl expose 命令來自動建立一個 Service 物件：

```
$ kubectl expose deploy/nginx --port 80
service "nginx" exposed

$ kubectl describe svc/nginx
Name:              nginx
Namespace:         default
Labels:            app=nginx
Annotations:       <none>
Selector:          app=nginx
Type:              ClusterIP
IP Family Policy:  SingleStack
IP Families:       IPv4
IP:                10.97.137.240
IPs:               10.97.137.240
Port:              <unset>  80/TCP
TargetPort:        80/TCP
Endpoints:         172.17.0.3:80
Session Affinity:  None
Events:            <none>
```

列出 Service 可以看到這個物件：

```
$ kubectl get svc nginx
NAME       TYPE        CLUSTER-IP      EXTERNAL-IP   PORT(S)   AGE
nginx      ClusterIP   10.97.137.240   <none>        80/TCP    2s
```

討論

為了透過瀏覽器來使用這個服務，你要在一個獨立的終端機中運行 proxy：

```
$ kubectl proxy
Starting to serve on 127.0.0.1:8001
```

然後用下面的命令來打開瀏覽器：

```
$ open http://localhost:8001/api/v1/namespaces/default/services/nginx/proxy/
```

你應該會看到 NGINX 的預設頁面。

如果你的服務看起來沒有正常運作，請檢查在 selector 裡使用的標籤，並確認是否有一組端點用 kubectl get endpoints *<service-name>* 來進行填充，若否，原因很可能是你的 selector 找不到任何相符的 pod。

如果你想要為相同的 nginx 部署手動建立一個 Service 物件，你可以編寫以下的 YAML 檔案：

```
apiVersion:  v1
kind: Service
metadata:
  name: nginx
spec:
  selector:
    app: nginx
  ports:
  - port: 80
```

在這個 YAML 檔案中，特別注意 *selector*，它的用途是選擇組成這個微服務抽象的所有 pod。Kubernetes 使用 Service 物件來動態配置所有節點上的 iptables，以便將網路流量發送給組成微服務的容器。選擇的動作是透過標記查詢（label query，參見訣竅 7.6）來進行的，它會產生一個端點列表。

Deployments 或 ReplicationSets 等 pod 監督器（spuervisor）的作用與 Services 不同。監督器和 Services 都使用標記來尋找所負責的 pods，但它們的任務不同：監督器負責監視 pod 的健康狀況和重新啟動它們，而 Services 則以可靠的方式來讓它們提供服務。

參閱

- Kubernetes Service 文件（*https://oreil.ly/BGn9e*）
- Kubernetes 教學「Using a Service to Expose Your App」（*https://oreil.ly/NVOhU*）

5.2 驗證服務的 DNS entry

問題

你建立了一個服務（參見訣竅 5.1），想要確認域名系統（Domain Name System，DNS）的註冊是否正常運作。

解決方案

在預設情況下，Kubernetes 使用的服務類型是 ClusterIP，它會在叢集內部 IP 上公開服務。如果你有 DNS 叢集附加組件，而且它正常運作，你可以透過完整的域名（FQDN）來使用服務，格式為 $SERVICENAME.$NAMESPACE.svc.cluster.local。

為了驗證它是否如願運作，你要在叢集內的容器裡啟動一個互動的 shell，最簡單的方法是使用 kubectl run 和 busybox 映像：

```
$ kubectl run busybox --rm -it --image busybox:1.36 -- /bin/sh
If you don't see a command prompt, try pressing enter.

/ # nslookup nginx
Server:    10.96.0.10
Address: 10.96.0.10:53

Name: nginx.default.svc.cluster.local
Address: 10.100.34.223
```

它回傳的服務 IP 地址應該就是它的叢集 IP。

輸入 exit 並按下 Enter 鍵離開容器。

討論

在預設情況下，DNS 查詢的作用範圍就是發送請求的 pod 的名稱空間。如果在上面的範例中，你在與 nginx 不同的名稱空間中執行 busybox pod，在預設情況下，查詢不會回傳任何結果。你可以使用 *<service-name>.<namespace>* 語法來指定正確的名稱空間，例如 nginx.staging。

5.3 更改服務類型

問題

你有一個既有的服務，假設它的類型是 ClusterIP，就像訣竅 5.2 裡討論的那樣，你想要改變它的類型，以便將應用程式公開成 NodePort，或使用 LoadBalancer 服務類型來透過雲端供應商的負載平衡器來公開它。

解決方案

使用 kubectl edit 命令與你愛用的編輯器來更改服務類型。假設你有一個名為 *simple-nginx-svc.yaml* 的 manifest，其內容為：

```
kind: Service
apiVersion: v1
metadata:
  name: webserver
spec:
  ports:
  - port: 80
  selector:
    app: nginx
```

建立 webserver 服務並查詢它：

```
$ kubectl apply -f simple-nginx-svc.yaml

$ kubectl get svc/webserver
NAME        TYPE        CLUSTER-IP       EXTERNAL-IP    PORT(S)    AGE
webserver   ClusterIP   10.98.223.206    <none>         80/TCP     11s
```

接下來，將服務類型改為（譬如）NodePort：

```
$ kubectl edit svc/webserver
```

這個命令會下載服務的 API 伺服器當下的規範，並在你的預設編輯器中打開它。注意粗體字的部分，我們將類型從 ClusterIP 改成 NodePort 了：

```
# Please edit the object below. Lines beginning with a '#' will be ignored,
# and an empty file will abort the edit. If an error occurs while saving this...
# reopened with the relevant failures.
#
apiVersion: v1
kind: Service
metadata:
  annotations:
    kubectl.kubernetes.io/last-applied-configuration: |
      {"apiVersion":"v1","kind":"Service","metadata":{"annotations":{},"name"...
  creationTimestamp: "2023-03-01T14:07:55Z"
  name: webserver
  namespace: default
  resourceVersion: "1128"
  uid: 48daed0e-a16f-4923-bd7e-1d879dc2221f
spec:
  clusterIP: 10.98.223.206
  clusterIPs:
  - 10.98.223.206
  externalTrafficPolicy: Cluster
  internalTrafficPolicy: Cluster
  ipFamilies:
  - IPv4
  ipFamilyPolicy: SingleStack
  ports:
  - nodePort: 31275
    port: 80
    protocol: TCP
    targetPort: 80
  selector:
    app: nginx
  sessionAffinity: None
  type: NodePort
status:
  loadBalancer: {}
```

儲存 edit（將類型改成 NodePort）之後，你可以這樣確認更新後的服務：

```
$ kubectl get svc/webserver
NAME        TYPE       CLUSTER-IP      EXTERNAL-IP   PORT(S)        AGE
webserver   NodePort   10.98.223.206   <none>        80:31275/TCP   4m
```

```
$ kubectl get svc/webserver -o yaml
apiVersion: v1
kind: Service
metadata:
  annotations:
    kubectl.kubernetes.io/last-applied-configuration: |
      {"apiVersion":"v1","kind":"Service","metadata":{"annotations":{},"name"...
  creationTimestamp: "2023-03-01T14:07:55Z"
  name: webserver
  namespace: default
  resourceVersion: "1128"
  uid: 48daed0e-a16f-4923-bd7e-1d879dc2221f
spec:
  clusterIP: 10.98.223.206
  clusterIPs:
  - 10.98.223.206
  externalTrafficPolicy: Cluster
  internalTrafficPolicy: Cluster
  ipFamilies:
  - IPv4
  ipFamilyPolicy: SingleStack
  ports:
  - nodePort: 31275
    port: 80
    protocol: TCP
    targetPort: 80
  selector:
    app: nginx
  sessionAffinity: None
  type: NodePort
status:
  loadBalancer: {}
```

討論

注意，你可以更改服務類型以滿足你的使用情境，但要注意某些類型的實作造成的影響，例如 LoadBalancer 可能觸發公用雲端基礎架構組件的資源配置，如果在不知情且（或）未監控的情況下使用，可能會有昂貴的成本。

參閱

- 關於各種 Kubernetes 服務類型的詳細資訊（*https://oreil.ly/r63eA*）

5.4 部署一個 ingress 控制器

問題

你想要部署一個 ingress 控制器來瞭解 Ingress 物件。Ingress 物件對你很有吸引力，因為你希望於 Kubernetes 內運行的應用程式可以在 Kubernetes 叢集外部使用，但你不想建立 NodePort 或 LoadBalancer 類型的服務。

解決方案

ingress 控制器扮演著反向代理和負載平衡器的角色。它會引導來自叢集外部的流量，並將負載平均地分配給平台內的 pod，讓你可以在叢集上部署多個應用程式，而且每一個應用程式都可以用主機名稱或 URI 路徑來定址。

為了讓 Ingress 物件（於訣竅 5.5 討論）生效，並提供一個從叢集外部到你的 pods 的路由，你要部署一個 ingress 控制器：

```
$ kubectl apply -f https://raw.githubusercontent.com/kubernetes/ingress-nginx/
controller-v1.8.1/deploy/static/provider/cloud/deploy.yaml
```

在 Minikube 上，你可以這樣啟用 ingress 附加組件：

```
$ minikube addons enable ingress
```

大約 1 分鐘之後，在新建立的 ingress-nginx 名稱空間裡會有一個新的 pod 被啟動：

```
$ kubectl get pods -n ingress-nginx
NAME                                         READY   STATUS      RESTARTS   AGE
ingress-nginx-admission-create-xpqbt         0/1     Completed   0          3m39s
ingress-nginx-admission-patch-r7cnf          0/1     Completed   1          3m39s
ingress-nginx-controller-6cc5ccb977-l9hvz    1/1     Running     0          3m39s
```

現在你可以建立 Ingress 物件了。

討論

NGINX 是 Kubernetes 專案官方支援的 ingress 控制器之一，但也有許多其他的開源和商業解決方案（*https://oreil.ly/eukmq*）支援 ingress 規範，其中許多方案都提供更廣泛的 API 管理功能。

在撰寫本書時，新的 Kubernetes Gateway API 規範（*https://oreil.ly/Y27m-*）逐漸成為 ingress 規範的替代品，並已獲得許多第三方閘道供應方的支援。如果你剛開始使用 ingress，可以考慮將 Gateway API 視為更具未來性的起點。

參閱

- Kubernetes Ingress 文件（*https://oreil.ly/9xoks*）

- NGINX-based ingress 控制器（*https://oreil.ly/691Lx*）

- Minikube 的 ingress-dns 附加組件（*https://oreil.ly/To14r*）

5.5 從叢集外部使用服務

問題

你想要透過 URI 路徑從叢集外部使用 Kubernetes 服務。

解決方案

使用 ingress 控制器（參見訣竅 5.4），藉著建立 Ingress 物件來進行配置。

假設我們要部署一個簡單的服務，希望它可以被呼叫並回傳「Hello, world!」。首先，建立 deployment：

```
$ kubectl create deployment web --image=gcr.io/google-samples/hello-app:2.0
```

然後公開服務：

```
$ kubectl expose deployment web --port=8080
```

用下面的命令來確認所有的資源都被正確地建立：

```
$ kubectl get all -l app=web
NAME                        READY   STATUS    RESTARTS   AGE
pod/web-79b7b8f988-95tjv    1/1     Running   0          47s

NAME          TYPE        CLUSTER-IP      EXTERNAL-IP   PORT(S)    AGE
service/web    ClusterIP   10.100.87.233   <none>        8080/TCP   8s

NAME                    READY   UP-TO-DATE   AVAILABLE   AGE
deployment.apps/web     1/1     1            1           47s

NAME                                DESIRED   CURRENT   READY   AGE
replicaset.apps/web-79b7b8f988      1         1         1       47s
```

以下是 Ingress 物件的 manifest，它將 URI 路徑 /web 配置為 hello-app 服務：

```
$ cat nginx-ingress.yaml
apiVersion: networking.k8s.io/v1
kind: Ingress
metadata:
  name: nginx-public
  annotations:
    nginx.ingress.kubernetes.io/rewrite-target: /
spec:
  ingressClassName: nginx
  rules:
  - host:
    http:
      paths:
      - path: /web
        pathType: Prefix
        backend:
          service:
            name: web
            port:
              number: 8080

$ kubectl apply -f nginx-ingress.yaml
```

現在你可以在 Kubernetes 儀表板中，看到為 NGINX 建立的 Ingress 物件（圖 5-2）。

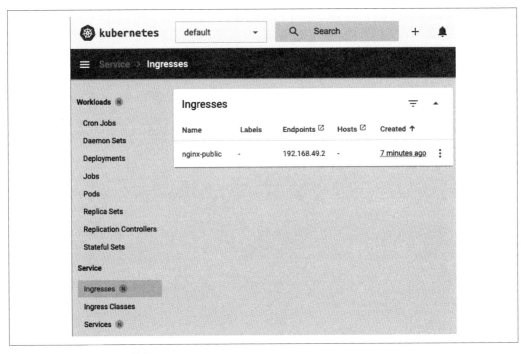

圖 5-2 NGINX Ingress 物件

你可以在 Kubernetes 儀表板中看到 NGINX 將以 IP 地址 192.168.49.2 提供服務（你的可能不同）。根據這個資訊，你可以透過以下命令，從叢集外部使用位於 /web URI 路徑的 NGINX：

```
$ curl https://192.168.49.2/web
Hello, world!
Version: 1.0.0
Hostname: web-68487bc957-v9fj8
```

Minikube 的已知問題

因為一起使用 Minikube 和 Docker 驅動程式（例如 Docker Desktop）有一些已知的網路限制，你可能無法像之前那樣，使用 Ingress 物件提供的 IP 地址從外部使用你的服務。在這種情況下，我們建議使用 minikube service 命令來建立一個前往叢集的通道。例如，你可以使用以下命令來公開在這個訣竅中建立的 web 服務：

```
$ minikube service web
```

在預設情況下，這個命令會在你的預設瀏覽器中打開服務。附加 `--url` 選項會在終端機印出通道 URL。注意，`minikube service` 命令在運行時會暫停（block）你的終端機，因此我們建議你在專用的終端機視窗裡運行它。

你可以在 Minikube 文件（*https://oreil.ly/2V4Ln*）文件中，進一步瞭解這個限制。

討論

你也可以使用以下命令，在儀表板查看服務 IP：

```
$ kubectl describe ingress
```

一般來說，ingress 的工作方式就像圖 5-3 那樣：ingress 控制器監聽 API 伺服器的 /ingresses 端點，以瞭解新規則，然後配置路由，將外部流量分配給特定的（叢集內部）服務，在這個例子中，服務是位於連接埠 9876 的 service1。

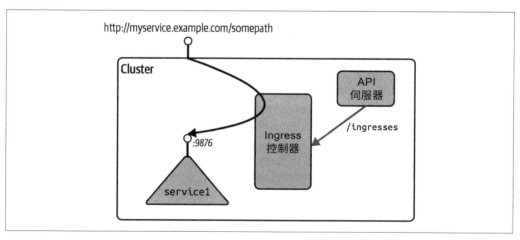

圖 5-3 Ingress 概念

參閱

• 在 GitHub 上的 *kubernetes/ingress-nginx* 版本庫（*https://oreil.ly/guulG*）

## 第六章

管理應用程式 manifest

本章要介紹如何使用 Helm、kompose 和 kapp 等工具來管理 Kubernetes 上的應用程式。這些工具的主要任務是管理你的 YAML manifest。Helm 是一種 YAML 模板化、打包和部署工具,而 Kompose 是幫助你將 Docker Compose 檔案遷移至 Kubernetes 資源 manifest 的工具。

kapp 是一個相對較新的工具,可讓你將一組 YAML 檔案當成一個應用程式來管理,從而將它們當成單一應用程式來部署。

6.1 安裝 Helm —— Kubernetes 的 Package 管理器

問題

你不想要親手編寫所有的 Kubernetes manifest,而是希望在版本庫(repository)中搜尋一個套件,並使用命令列介面來下載並安裝它。

解決方案

使用 Helm (*https://helm.sh*)。Helm 包括一個稱為 helm 的用戶端 CLI,其用途是在 Kubernetes 叢集上搜尋和部署 charts。

你可以從 GitHub 發表頁面(*https://oreil.ly/0A7Ty*)下載 Helm,並將 helm 二進制檔移到你的 $PATH 中。例如,在 macOS(Intel)上,你可以這樣處理 v3.12.3 版本:

```
$ wget https://get.helm.sh/helm-v3.12.3-darwin-amd64.tar.gz
$ tar -xvf helm-v3.12.3-darwin-amd64.tar.gz
$ sudo mv darwin-amd64/helm /usr/local/bin
```

你也可以使用方便的安裝命令稿（*https://oreil.ly/V6_bt*）來安裝 Helm 的最新版本：

```
$ wget -O get_helm.sh https://raw.githubusercontent.com/helm/helm/main/
scripts/get-helm-3

$ chmod +x get_helm.sh
$ ./get_helm.sh
```

討論

Helm 是 Kubernetes 的 package（套件）管理器；它將 Kubernetes 套件定義成一組 manifest 和一些詮釋資料。這些 manifest 實際上是模板。當 package 被 Helm 實例化時，在模板中的值會被填到相應的位置。Helm package 稱為 *chart*，使用者可在 chart 版本庫裡使用打包起來的 chart。

在 Linux 或 macOS 上安裝 Helm 的另一種做法是使用 Homebrew（*https://brew.sh*）套件管理器：

```
$ brew install helm
```

6.2 將 chart 版本庫加入 Helm

問題

你安裝了 helm 用戶端（參見訣竅 6.1），現在想要找到 chart 版本庫，並將它加入 Helm。

解決方案

chart 版本庫包含打包起來的 chart 和一些詮釋資料，可讓 Helm 在版本庫中搜尋 chart。在使用 Helm 來安裝應用程式之前，你要找到提供該 chart 的 chart 版本庫，並加入它。

如圖 6-1 所示，Artifact Hub（*https://artifacthub.io*）是一個 web-based 服務，可用來搜尋來自各種發布者的 10,000 多個 chart（*https://oreil.ly/0olJi*），並將 chart 版本庫加入 Helm。

圖 6-1 Artifact Hub，搜尋 Redis 的 Helm chart

討論

helm 命令也和 Artifact Hub 整合在一起，讓你可以直接在 helm 命令列中搜尋 Artifact Hub。

假設你想要搜尋一個提供 Redis chart 的發表者。你可以使用 helm search hub 命令來尋找：

```
$ helm search hub --list-repo-url redis
URL                       CHART VER... APP VER... DESCRIPTION    REPO URL
https://art...s/redis     0.1.1        6.0.8.9    A Helm cha...  https://spy8...
https://art...s-arm/...   17.8.0       7.0.8      Redis(R) i...  https://libr...
https://art...ontain...   0.15.2       0.15.0     Provides e...  https://ot-c...
...
```

如果你想要部署由 Bitnami（*https://oreil.ly/jL7Xz*）發表的 chart，你可以使用下面的命令來加入 chart 版本庫（Bitnami 是著名的發表者，他發表了超過 100 個具備生產品質的 chart）：

```
$ helm repo add bitnami https://charts.bitnami.com/bitnami
```

現在你可以安裝版本庫中的 chart 了。

6.3 使用 Helm 來安裝應用程式

問題

你已經將一個 chart 版本庫加入 Helm 了（參見訣竅 6.2），現在想要搜尋 chart 並部署它們。

解決方案

假設你想要從 Bitnami chart 版本庫（*https://oreil.ly/TAPRO*）部署 Redis chart。

在搜尋 chart 版本庫之前，應更新於本地快取的 chart 版本庫索引：

```
$ helm repo update
Hang tight while we grab the latest from your chart repositories...
...Successfully got an update from the "bitnami" chart repository
Update Complete. ❀Happy Helming!❀
```

在 Bitnami chart 版本庫中搜尋 redis：

```
$ helm search repo bitnami/redis
NAME                   CHART VERSION APP VERSION DESCRIPTION
bitnami/redis          18.0.1        7.2.0       Redis(R) is an...
bitnami/redis-cluster  9.0.1         7.2.0       Redis(R) is an...
```

然後使用 helm install 來部署 chart：

```
$ helm install redis bitnami/redis
```

Helm 會使用預設的 chart 配置，並建立一個名為 redis 的 Helm 版本（release）。Helm 版本是在一個 chart 內定義的所有 Kubernetes 物件，可視為單一單位來管理。

過一段時間後，你應該會看到 redis pod 開始運行：

```
$ kubectl get all -l app.kubernetes.io/name=redis
NAME                   READY    STATUS    RESTARTS    AGE
pod/redis-master-0     1/1      Running   0           114s
pod/redis-replicas-0   1/1      Running   0           114s
pod/redis-replicas-1   1/1      Running   0           66s
pod/redis-replicas-2   1/1      Running   0           38s

NAME                    TYPE        CLUSTER-IP      EXTERNAL-IP   PORT(S)     AGE
service/redis-headless  ClusterIP   None            <none>        6379/TCP    114s
service/redis-master    ClusterIP   10.105.20.184   <none>        6379/TCP    114s
```

```
service/redis-replicas  ClusterIP   10.105.27.109   <none>          6379/TCP    114s

NAME                                READY   AGE
statefulset.apps/redis-master       1/1     114s
statefulset.apps/redis-replicas     3/3     114s
```

討論

helm install 命令的輸出可能包含關於 deployment 的重要資訊，例如從 secret 中取出的密碼、已部署的服務等。你可以使用 helm list 命令來列出目前安裝的 helm，然後使用 helm status *<name>* 來查看該安裝的詳細資訊：

```
% helm status redis
NAME: redis
LAST DEPLOYED: Fri Nov 10 09:42:17 2023
NAMESPACE: default
STATUS: deployed
...
```

若要進一步瞭解 Helm chart，以及如何建立自己的 chart，請參見訣竅 6.8。

6.4 檢視 chart 的可自訂參數

問題

你想知道一個 chart 的可自訂參數及其預設值。

解決方案

chart 的發表者會公開 chart 的各種參數，你可以在安裝 chart 時設置它們。這些參數的預設值是在 *Values* 檔案中設置的，其內容可以用 helm show values 命令來查看，例如：

```
$ helm show values bitnami/redis
...
...
## @param architecture Redis® architecture. Allowed values: `standalone` or
`replication`
##
architecture: replication
...
...
```

討論

發表者經常在 *Values* 檔案中記錄 chart 參數。但是，chart 的 *Readme* 檔案可能提供更詳盡的參數文件，以及具體的使用說明。你可以使用 `helm show readme` 命令來查看 Chart 的 *Readme* 檔案。例如：

```
$ helm show readme bitnami/redis
...
...
### Redis® common configuration parameters

| Name                      | Description                       | Value         |
| ------------------------- | --------------------------------- | ------------- |
| `architecture`            | Redis® architecture...            | `replication` |
| `auth.enabled`            | Enable password authentication    | `true`        |
...
...
```

值得注意的是，這個 *Readme* 與 Artifact Hub 為 chart 顯示的相同（*https://oreil.ly/dIYpI*）。

6.5 覆寫 chart 參數

問題

你已經瞭解 chart 的各種可自訂參數了（參見訣竅 6.4），想要自訂 chart 的部署。

解決方案

你可以在安裝 chart 時傳遞 `--set` *key=value* 旗標來覆寫 Helm chart 的預設參數。該標誌可以多次指定，你也可以使用以逗號分隔的鍵值，例如：key1=value1,key2=value2。

譬如，你可以這樣子覆寫 bitnami/redis chart 的部署配置，以使用 standalone 架構：

```
$ helm install redis bitnami/redis --set architecture=standalone
```

討論

當你覆寫許多 chart 參數時，你可以提供 --values 旗標來輸入一個包含你想要覆寫的所有參數的 YAML 格式檔案。對於前面的範例，你可以建立一個名為 *values.yaml* 的檔案，裡面有這一行：

```
architecture: standalone
```

然後將檔案輸入至 helm install：

```
$ helm install redis bitnami/redis --values values.yaml
```

bitnami/redis chart 的 standalone 配置產生的 pod 資源較少，適用於開發目的。我們來看一下：

```
$ kubectl get pods
NAME             READY   STATUS    RESTARTS   AGE
redis-master-0   1/1     Running   0          3m14s
```

6.6 取得使用者提供的 Helm 版本參數

問題

你的 Kubernetes 叢集有 Helm 版本，你想知道使用者在安裝該 chart 時指定的 chart 參數。

解決方案

使用 helm list 命令可以取得在叢集中的 Helm 版本清單：

```
$ helm list
NAME  NAMESPACE REVISION UPDATED           STATUS    CHART        APP VERSION
redis default   1        2022-12-30 14:02... deployed  redis-17.4.0 7.0.7
```

你可以使用 helm get 命令來獲得關於 Helm 版本的延伸資訊，例如使用者提供的值：

```
$ helm get values redis
USER-SUPPLIED VALUES:
architecture: standalone
```

討論

除了 values 之外，你也可以使用 helm get 命令來取得 chart 配置的 YAML manifest、部署後的注意事項，和 hook。

6.7 用 Helm 來反安裝應用程式

問題

你不需要一個用 Helm（參見訣竅 6.3）來安裝的應用程式了，想將它移除。

解決方案

當你使用 chart 來安裝應用程式時，它會建立一個 Helm 版本，可以當成一個單獨的單元來管理。若要移除使用 Helm 來安裝的應用程式，只要使用 helm uninstall 命令來移除版本（*release*）即可。

假設你想要移除一個名為 *redis* 的 Helm 版本：

```
$ helm uninstall redis
release "redis" uninstalled
```

Helm 會移除與該版本有關的所有 Kubernetes 物件，並釋出與它們的物件有關的叢集資源。

6.8 建立自己的 chart，以使用 Helm 來打包你的 應用程式

問題

你寫了一個包含多個 Kubernetes 檔案的應用程式，想要將它打包成一個 Helm chart。

解決方案

使用 helm create 和 helm package 命令。

使用 helm create 來產生 chart 的骨架。在終端機中發出命令，指定 chart 名稱。例如，若要建立一個名為 oreilly 的 chart：

```
$ helm create oreilly
Creating oreilly

$ tree oreilly/
oreilly/
├── Chart.yaml
├── charts
├── templates
│   ├── NOTES.txt
│   ├── _helpers.tpl
│   ├── deployment.yaml
│   ├── hpa.yaml
│   ├── ingress.yaml
│   ├── service.yaml
│   ├── serviceaccount.yaml
│   └── tests
│       └── test-connection.yaml
└── values.yaml

3 directories, 10 files
```

討論

helm create 命令可為典型的 web 應用程式產生一個骨架。你可以編輯生成的骨架，讓它適合你的應用程式，或如果你已經寫好自己的 manifest，你可以刪除 *templates/* 目錄的內容，並將現有的模板複製到裡面。如果你想要將 manifest 模板化，你要在 *values.yaml* 檔案中編寫想要在 manifest 中替換的值。編輯詮釋資料檔案 *Chart.yaml*，如果你有任何依賴的 chart，那就將它們放入 */charts* 目錄。

你可以執行以下的命令在本地測試 chart：

```
$ helm install oreilly-app ./oreilly
```

最後，你可以使用 helm package oreilly/ 來打包它，為 chart 產生可重新發表的 tarball。如果你想要將 chart 發表至 chart 版本庫中，請將它複製到版本庫，並使用 helm repo index . 命令來產生一個新的 *index.yaml*。更新 chart 註冊表（registry）之後，假如你已經將 chart 版本庫加到 Helm 中（參見訣竅 6.2），helm search repo oreilly 應該會回傳你的 chart：

```
$ helm search repo oreilly
NAME            VERSION DESCRIPTION
oreilly/oreilly 0.1.0   A Helm chart for Kubernetes
```

參閱

- VMware Application Catalog 文件中的「Create Your First Helm Chart」(*https://oreil.ly/fGfgF*)

- Helm 文件中的「The Chart Best Practices Guide」(*https://oreil.ly/kcznF*)

6.9 安裝 Kompose

問題

你已經開始使用 Docker 容器,並且寫了一些 Docker compose 檔案來定義多容器應用程式。現在你想要開始使用 Kubernetes,並想知道能不能重複使用 Docker compose 檔案,以及如何重複使用。

解決方案

使用 Kompose(*https://kompose.io*)。Kompose 是一款將 Docker compose 檔案轉換為 Kubernetes(或 OpenShift)manifests 的工具。

首先,從 GitHub 發表頁面(*https://oreil.ly/lmiCJ*)下載 kompose,然後將它移至你的 $PATH 中,以方便使用。

例如,在 macOS 上,執行:

```
$ wget https://github.com/kubernetes/kompose/releases/download/v1.27.0/
kompose-darwin-amd64 -O kompose

$ sudo install -m 755 kompose /usr/local/bin/kompose
$ kompose version
```

Linux 與 macOS 使用者可以使用 Homebrew(*https://brew.sh*)套件管理器來安裝 kompose CLI:

```
$ brew install kompose
```

6.10 將 Docker compose 檔案轉換為 Kubernetes manifest

問題

你安裝了 kompose 命令（參見訣竅 6.9），現在想要將 Docker compose 檔案轉換為 Kubernetes manifest。

解決方案

假設你有以下的 Docker compose 檔案，它會啟動一個 redis 容器：

```
version: '2'

services:
  redis:
    image: redis:7.2.0
    ports:
    - "6379:6379"
```

使用 Kompose 時，可以用下面的命令來將它自動轉換為 Kubernetes manifest：

```
$ kompose convert
```

Kompose 會讀取 Docker compose 檔案的內容，並在當下目錄中產生 Kubernetes manifest。然後，你可以使用 kubectl apply 在叢集中建立這些資源。

討論

在 kompose convert 命令中加入 --stdout 參數會產生 YAML，可以直接導向到 kubectl apply：

```
$ kompose convert --stdout | kubectl apply -f -
```

有一些 Docker compose 指令無法轉換為 Kubernetes，在這種情況下，kompose 會印出警告訊息，告訴你轉換不成功。

雖然這通常不會造成問題，但轉換可能產生在 Kubernetes 中沒有作用的 manifest，這是意料中的事情，因為這種轉換不可能完美無缺。但是，它可以幫助你取得一個可以工作的 Kubernetes manifest。特別要注意的是，你通常要親自量身處理 volume 和網路隔離。

6.11 將 Docker compose 檔轉換成 Helm chart

問題

你已經安裝 kompose 命令了（參見訣竅 6.9），現在想要從 Docker compose 檔案建立一個 Helm chart。

解決方案

除了使用 Kompose 來將 Docker compose 檔案轉換成 Kubernetes manifest（參見訣竅 6.10）之外，你也可以使用它來為轉換後的物件產生一個 Helm chart。

你可以這樣使用 Kompose 來用 Docker compose 檔案產生一個 Helm chart：

```
$ kompose convert --chart
```

它會在當下的目錄中產生一個新的 Helm chart。這個 chart 可以使用 helm CLI 來打包、部署和管理（參見訣竅 6.3）。

6.12 安裝 kapp

問題

你已經寫好將應用程式部署到叢集的 YAML 檔案了，接下來想要部署並管理 deployment 的生命週期，但你不想將它打包成 Helm chart。

解決方案

使用 kapp（*https://carvel.dev/kapp*），這是一種幫你成批管理資源的 CLI 工具。與 Helm 不同的是，kapp 不負責 YAML 模板化，而是專門管理應用程式的部署。

若要安裝 kapp，使用下載命令稿（*https://oreil.ly/iAQPd*）來從 GitHub 發表頁面（*https://oreil.ly/9g2f3*）下載屬於你的平台的最新版本。

```
$ mkdir local-bin/
$ wget https://carvel.dev/install.sh -qO - | \
    K14SIO_INSTALL_BIN_DIR=local-bin bash

$ sudo install -m 755 local-bin/kapp /usr/local/bin/kapp
$ kapp version
```

討論

Linux 和 macOS 使用者也可以使用 Homebrew（*https://brew.sh*）套件管理器來安裝 kapp：

```
$ brew tap vmware-tanzu/carvel
$ brew install kapp
$ kapp version
```

6.13　使用 kapp 來部署 YAML manifest

問題

你安裝了 kapp（參見訣竅 6.12），現在想要使用 kapp 來部署和管理你的 YAML manifest。

解決方案

kapp 將具有相同標記（label）的一組資源視為一個應用程式。假設你有一個名為 *manifests/* 的資料夾，裡面有部署 NGINX 伺服器的 YAML 檔案。kapp 會把所有 manifests 視為單一應用程式：

```
$ cat manifests/deploy.yaml
apiVersion: apps/v1
kind: Deployment
metadata:
  name: nginx
  labels:
    app: nginx
spec:
  replicas: 1
  selector:
    matchLabels:
```

```
      app: nginx
  template:
    metadata:
      labels:
        app: nginx
    spec:
      containers:
      - name: nginx
        image: nginx:1.25.2
        ports:
        - containerPort: 80
```

```
$ cat manifests/svc.yaml
apiVersion:  v1
kind: Service
metadata:
  name: nginx
spec:
  selector:
    app: nginx
  ports:
  - port: 80
```

若要使用標記 nginx 來將這些 manifests 部署成一個應用程式，可執行：

```
$ kapp deploy -a nginx -f manifests/
...
Namespace  Name   Kind        Age  Op      Op st.  Wait to    Rs  Ri
default    nginx  Deployment  -    create  -       reconcile  -   -
^          nginx  Service     -    create  -       reconcile  -   -
...
Continue? [yN]:
```

kapp 會提供一個將會在叢集裡建立的資源概要來讓使用者確認。若要更新應用程式，你只要更新 *manifests/* 資料夾裡面的 YAML 檔案，並重新執行 deploy 命令即可。你可以加入 --diff-changes 選項以查看更新後的 YAML 的差異。

討論

在使用 kapp 來部署應用程式後，你也可以管理它的生命週期。例如，你可以這樣檢查為應用程式 deployment 建立的資源：

```
$ kapp inspect -a nginx
...
Name    Namespaces   Lcs   Lca
nginx   default      true  4s
...
```

或列出所有已部署的應用程式：

```
$ kapp ls
...
Name    Namespaces   Lcs   Lca
nginx   default      true  4s
...
```

或刪除使用 kapp 來部署的應用程式：

```
$ kapp delete -a nginx
```

## 第七章

探索 Kubernetes API 與
關鍵的詮釋資料

本章要提供一些關於 Kubernetes 物件與 API 之間的基本互動的訣竅。在 Kubernetes 裡的每一個物件（*https://oreil.ly/kMcj7*），無論它是和 deployment 一樣具備名稱空間，還是像節點（node）那樣屬於整個叢集，都有一些欄位可用，例如 metadata、spec 和 status。spec 定義物件的期望狀態（規格），status 則存有物件的實際狀態，由 Kubernetes API 伺服器管理。

7.1 發現 Kubernetes API 伺服器的端點

問題

你想要探索 Kubernetes API 伺服器上的各種 API 端點。

解決方案

接下來假設你已經啟動一個類似 kind 或 Minikube 的開發叢集。你可以在另一個終端機內運行 kubectl proxy。這個 proxy 可讓你使用 curl 之類的 HTTP 用戶端來輕鬆地造訪 Kubernetes 伺服器 API，而不需要煩惱身分驗證和憑證。在運行 kubectl proxy 後，你應該可以在連接埠 8001 造訪 API 伺服器：

```
$ curl http://localhost:8001/api/v1/
{
  "kind": "APIResourceList",
  "groupVersion": "v1",
  "resources": [
    {
      "name": "bindings",
      "singularName": "",
      "namespaced": true,
      "kind": "Binding",
      "verbs": [
        "create"
      ]
    },
    {
      "name": "componentstatuses",
      "singularName": "",
      "namespaced": false,
      ...
```

它列出 Kubernetes API 所公開的所有物件。在這個列表的最上面,你可以看到一個將 kind 設為 Binding 的物件,以及可以對這個物件進行的操作(在此為 create)。

發現 API 端點的另外一個方法是使用 kubectl api-resources 命令。

討論

你可以藉著呼叫以下端點來發現所有的 API 群組:

```
$ curl http://localhost:8001/apis/
{
  "kind": "APIGroupList",
  "apiVersion": "v1",
  "groups": [
    {
      "name": "apiregistration.k8s.io",
      "versions": [
        {
          "groupVersion": "apiregistration.k8s.io/v1",
          "version": "v1"
        }
      ],
      "preferredVersion": {
        "groupVersion": "apiregistration.k8s.io/v1",
        "version": "v1"
```

```
      }
    },
    {
      "name": "apps",
      "versions": [
      ...
```

從這個列表中選擇一些 API 群組來探索，例如：

- `/apis/apps`

- `/apis/storage.k8s.io`

- `/apis/flowcontrol.apiserver.k8s.io`

- `/apis/autoscaling`

每一個端點都對應一個 API 群組。核心的 API 物件可以在 `/api/v1` 的 v1 群組中找到，其他較新的 API 物件則可以在 `/apis/` 端點下的具名群組（named group）中找到，例如 `storage.k8s.io/v1` 和 `apps/v1`。在群組內，API 物件有版本（例如 `v1`、`v2`、`v1alpha`、`v1beta1`），以指出物件的成熟度。例如，pod、service、config map 和 secret 都屬於 `/api/v1` API 群組，而 `/apis/autoscaling` 群組有 `v1` 和 `v2` 版本。

物件的群組是物件規格裡所謂的 `apiVersion` 的一部分，可以透過 API 參考取得（*https://oreil.ly/fvO82*）。

參閱

- Kubernetes API 概要（*https://oreil.ly/sANzL*）

- Kubernetes API 規範（*https://oreil.ly/ScJvH*）

7.2 瞭解 Kubernetes manifest 的結構

問題

雖然 Kubernetes 有方便的 generator，例如 `kubectl run` 和 `kubectl create`，但你必須學會如何編寫 Kubernetes manifest，以使用 Kubernetes 物件規格的宣告（declarative）特性。為此，你要瞭解 manifest 的一般結構。

解決方案

你已經在訣竅 7.1 瞭解各種 API 群組，以及如何發現特定物件屬於哪個群組了。

所有 API 資源都是物件或串列。所有資源都有一個 kind 和一個 apiVersion。此外，物件 kind 必須有 metadata。metadata 包含物件的名稱、它的名稱空間（見訣竅 7.3），以及一些選用的標記（label，參見訣竅 7.6）和附註（annotation，參見訣竅 7.7）。

例如，pod 的 kind 是 Pod，apiVersion 是 v1，用 YAML 來編寫的 manifest 的開頭是這樣：

```
apiVersion: v1
kind: Pod
metadata:
  name: mypod
...
```

大多數物件的 manifest 都有一個 spec，一旦它被建立，也會回傳一個描述該物件當下狀態的 status：

```
apiVersion: v1
kind: Pod
metadata:
  name: mypod
spec:
  ...
status:
  ...
```

討論

Kubernetes manifest 可以用來定義叢集的期望狀態。由於 manifest 是檔案，它們可以放入 Git 之類的版本控制系統，所以可讓開發者和操作者進行分散式非同步合作，也可以支援持續整合與部署的自動化流水線。這就是 GitOps 背後的基本概念，其中，針對系統進行的改變都是透過更改版本控制系統內的真相來源（source of truth）來進行的。因為所有的更改都被記錄在系統中，我們可以復原到以前的狀態，或重現特定狀態多次。在使用宣告性的真相來源來描述基礎架構的狀態時，我們經常使用 infrastructure as code（IaC）這個術語（相對於應用程式）。

參閱

- Objects in Kubernetes（*https://oreil.ly/EONxU*）

7.3 建立名稱空間以避免名稱衝突

問題

你想要建立兩個名稱相同的物件，但希望避免名稱衝突。

解決方案

建立兩個名稱空間，並在每個名稱空間中建立一個物件。

如果你不指定任何內容，物件會在 default 名稱空間中建立。按照下面的範例，建立第二個名為 my-app 的名稱空間，並列出現有的名稱空間。你將看到 default 名稱空間、在啟動時建立的其他名稱空間（kube-system、kube-public 和 kube-node-lease），以及你剛剛建立的 my-app 名稱空間：

```
$ kubectl create namespace my-app
namespace/my-app created

$ kubectl get ns
NAME              STATUS    AGE
default           Active    5d20h
kube-node-lease   Active    5d20h
kube-public       Active    5d20h
kube-system       Active    5d20h
my-app            Active    13s
```

你也可以寫一個 manifest 來建立名稱空間。將下面的 manifest 存為 *app.yaml* 之後，你可以使用 kubectl apply -f app.yaml 命令來建立名稱空間：

```
apiVersion: v1
kind:Namespace
metadata:
  name: my-app
```

討論

在同一個名稱空間（例如 default）中試著啟動兩個同名物件會導致衝突，Kubernetes API 伺服器會回傳錯誤。但是在不同的名稱空間中啟動第二個物件時，API 伺服器會建立它：

```
$ kubectl run foobar --image=nginx:latest
pod/foobar created

$ kubectl run foobar --image=nginx:latest
Error from server (AlreadyExists): pods "foobar" already exists

$ kubectl run foobar --image=nginx:latest --namespace my-app
pod/foobar created
```

 kube-system 名稱空間是保留給管理員使用的，kube-public 名稱空間（*https://oreil.ly/kQFsq*）則用來儲存叢集的任何使用者都可以使用的公共物件。

7.4 為名稱空間設定配額

問題

你想要限制名稱空間可用的資源，例如，可以在名稱空間中運行的總 pod 數量。

解決方案

使用 ResourceQuota 物件來指定名稱空間的限制。

首先，建立一個用於資源配額的 manifest，將它儲存在一個名為 *resource-quota-pods.yaml* 的檔案中：

```
apiVersion: v1
kind: ResourceQuota
metadata:
  name: podquota
spec:
  hard:
    pods: "10"
```

然後建立一個新的名稱空間，並對它套用配額：

```
$ kubectl create namespace my-app
namespace/my-app created

$ kubectl apply -f resource-quota-pods.yaml --namespace=my-app
resourcequota/podquota created

$ kubectl describe resourcequota podquota --namespace=my-app
Name:       podquota
Namespace:  my-app
Resource    Used  Hard
--------    ----  ----
pods        1     10
```

討論

你可以為每一個名稱空間設定幾個配額，包括但不限於 pod、secret 和 config map。

參閱

- Configure Quotas for API Objects（*https://oreil.ly/jneBT*）

7.5 標記物件

問題

你想要標記一個物件，希望以後能夠輕鬆地找到它。標記可以用於後續的最終使用者查詢（參見訣竅 7.6）或者在系統自動化的背景中使用。

解決方案

使用 kubectl label 命令。例如，用一對鍵值 tier=frontend 來標記名為 foobar 的 pod：

```
$ kubectl label pods foobar tier=frontend
pod/foobar labeled
```

 命令的完整 help（kubectl label --help）訊息可以讓你瞭解如何刪除標記、覆蓋現有標記，甚至標記名稱空間中的所有資源。

討論

在 Kubernetes 中,你可以使用標記來以非層次化的方式靈活地組織物件。標記是一對鍵值,它們在 Kubernetes 中沒有預先定義意義,換句話說,系統不會解釋鍵值的內容。你可以使用標記來表示成員資格(例如,物件 X 屬於部門 ABC)、環境(例如,這個服務在生產環境中運行)或整理你的物件所需的任何內容。在 Kubernetes 文件中有一些常見的實用標記可供查閱(*https://oreil.ly/SMl_N*)。注意,標記的長度和允許的值有一些限制(*https://oreil.ly/AzeM8*)。然而,有一個關於為鍵命名的社群指南(*https://oreil.ly/lTkhW*)可供參考。

7.6 用標記來查詢

問題

你想要更有效率地查詢物件。

解決方案

使用 kubectl get --selector 命令。例如,假設有下面的 pod:

```
$ kubectl get pods --show-labels
NAME       READY   STATUS    RESTARTS      AGE      LABELS
foobar     1/1     Running   0             18m      run=foobar,tier=frontend
nginx1     1/1     Running   0             72s      app=nginx,run=nginx1
nginx2     1/1     Running   0             68s      app=nginx,run=nginx2
nginx3     1/1     Running   0             65s      app=nginx,run=nginx3
```

你可以選擇屬於 NGINX app(app=nginx)的 pods:

```
$ kubectl get pods --selector app=nginx
NAME       READY   STATUS    RESTARTS   AGE
nginx1     1/1     Running   0          3m45s
nginx2     1/1     Running   0          3m41s
nginx3     1/1     Running   0          3m38s
```

討論

標記是物件的詮釋資料的一部分。Kubernetes 的任何物件都可以被標記。Kubernetes 本身也使用標記來讓 deployment(參見訣竅 4.1)和 service(參見第 5 章)選擇 pod。

標記可以用 kubectl label 命令來手動加入（參見訣竅 7.5），你也可以在物件 manifest 中定義標記：

```
apiVersion: v1
kind: Pod
metadata:
  name: foobar
  labels:
    tier: frontend
...
```

有了標記之後，你可以使用 kubectl get 來列出它們，注意：

- -l 是 --selector 的簡寫，它會查詢具備指定的 *key=value* 的物件。

- --show-labels 會顯示每個回傳的物件的所有標記。

- -L 會在結果中加入一行，並顯示指定的標記的值。

- 許多物件種類都支援集合查詢，也就是說，你可以使用「標記必須是 X 和（或）Y」這種形式的查詢。例如，kubectl get pods -l 'env in (production, development)' 會給你生產環境或開發環境內的 pods。

如果有兩個 pod 正在運行，一個具備標記 run=barfoo，另一個具備標記 run=foobar，你會得到這樣的輸出：

```
$ kubectl get pods --show-labels
NAME                      READY   ...   LABELS
barfoo-76081199-h3gwx     1/1     ...   pod-template-hash=76081199,run=barfoo
foobar-1123019601-6x9w1   1/1     ...   pod-template-hash=1123019601,run=foobar

$ kubectl get pods -L run
NAME                      READY   ...   RUN
barfoo-76081199-h3gwx     1/1     ...   barfoo
foobar-1123019601-6x9w1   1/1     ...   foobar

$ kubectl get pods -l run=foobar
NAME                      READY   ...
foobar-1123019601-6x9w1   1/1     ...
```

參閱

- 關於標記和選擇器的 Kubernetes 文件（*https://oreil.ly/ku1Sc*）

7.7 用一個命令來附註資源

問題

你想要使用通用的、不可識別（nonidentifying）的鍵值來附註一個資源，可能使用非人類可讀的資料。

解決方案

使用 kubectl annotate 命令：

```
$ kubectl annotate pods foobar \
    description='something that you can use for automation'
pod/foobar annotated
```

討論

附註（annotation）通常被用來提升 Kubernetes 的自動化程度。例如，當你使用 kubectl create deployment 命令來建立 deployment 時，你可以看到在 rollout 歷史紀錄中的 change-cause 行是空的（參見訣竅 4.6）。從 Kubernetes v1.6.0 開始，若要記錄導致 deployment 改變的命令，你可以使用 kubernetes.io/change-cause 鍵來附註它。例如為一個名為 foobar 的 deployment 加上附註：

```
$ kubectl annotate deployment foobar \
    kubernetes.io/change-cause="Reason for creating a new revision"
```

接下來，針對 deployment 進行的更改都會被記錄下來。

附註（annotation）和標記（label）的主要差異在於，標記可以當成篩選標準來使用，但附註不行。除非你打算使用詮釋資料來進行篩選，否則使用附註通常比較好。

volume 與配置資料

Kubernetes 的 *volume* 是一個目錄，在 pod 裡運行的容器都可以造訪它，它也額外保證，當個別容器重新啟動時，資料會被保存。

volume 可以分成幾種類型：

- 在節點當地的臨時 volume，例如 emptyDir
- 通用的網路 volume，例如 nfs 或 cephfs
- 雲端服務供應商的 volume，例如 AWS EBS 或 AWS EFS
- 特殊用途的 volume，例如 secret 或 configMap

volume 的選擇完全取決於你的使用情況，例如，若要取得臨時的暫存空間，你只要使用 emptyDir 即可，但是如果你要確保資料在節點故障時可以保存，你就要考慮更強的替代方案，或雲端服務供應商的解決方案。

8.1 透過本地 volume 在容器之間交換資料

問題

在你的一個 pod 裡，有兩個以上的容器在運行，你想要透過檔案系統操作來交換資料。

解決方案

使用 emptyDir 類型的本地 volume。

首先，以下的 pod manifest *exchangedata.yaml* 裡面有兩個容器（c1 和 c2），它們分別將本地 volume xchange 掛載到它們的檔案系統中，使用不同的掛載點：

```
apiVersion: v1
kind: Pod
metadata:
  name: sharevol
spec:
  containers:
  - name: c1
    image: ubuntu:20.04
    command:
      - "bin/bash"
      - "-c"
      - "sleep 10000"
    volumeMounts:
      - name: xchange
        mountPath: "/tmp/xchange"
  - name: c2
    image: ubuntu:20.04
    command:
      - "bin/bash"
      - "-c"
      - "sleep 10000"
    volumeMounts:
      - name: xchange
        mountPath: "/tmp/data"
  volumes:
  - name: xchange
    emptyDir: {}
```

現在你可以啟動該 pod，exec 它，在其中一個容器中建立資料，然後在另一個容器中讀取它。

```
$ kubectl apply -f exchangedata.yaml
pod/sharevol created

$ kubectl exec sharevol -c c1 -i -t -- bash
[root@sharevol /]# mount | grep xchange
/dev/vda1 on /tmp/xchange type ext4 (rw,relatime)
[root@sharevol /]# echo 'some data' > /tmp/xchange/data
```

```
[root@sharevol /]# exit

$ kubectl exec sharevol -c c2 -i -t -- bash
[root@sharevol /]# mount | grep /tmp/data
/dev/vda1 on /tmp/data type ext4 (rw,relatime)
[root@sharevol /]# cat /tmp/data/data
some data
[root@sharevol /]# exit
```

討論

本地 volume 是由運行 pod 及其容器的節點驅動的。如果節點掛掉，或你要維護它（參見訣竅 12.9），本地 volume 會消失，所有資料也會遺失。

你也可以在一些特定情況下使用本地 volume，例如當成臨時儲存空間來使用，或是權威性狀態（canonical state）可以從其他來源（例如 S3 bucket）取得時，但通常你會使用持久 volume，或由網路儲存機制支援的 volume（參見訣竅 8.4）。

參閱

- Kubernetes 的 volume 文件（*https://oreil.ly/82P1u*）

8.2 使用 secret 來向 pod 傳遞 API 訪問密鑰

問題

如果你是管理員，你應該想要以安全的方式來提供 API 訪問密鑰給開發者，也就是避免在 Kubernetes manifest 中以明文的形式來分享它。

解決方案

使用類型為 secret 的本地 volume（*https://oreil.ly/bX6ER*）。

假設你要讓開發者透過密碼 open sesame 來訪問的一項外部服務。

首先，建立一個名為 *passphrase* 的文字檔案，以保存密碼：

```
$ echo -n "open sesame" > ./passphrase
```

接下來，使用 *passphrase* 檔案來建立 secret（*https://oreil.ly/cCddB*）：

```
$ kubectl create secret generic pp --from-file=./passphrase
secret/pp created

$ kubectl describe secrets/pp
Name:          pp
Namespace:     default
Labels:        <none>
Annotations:   <none>

Type:   Opaque

Data
====
passphrase:    11 bytes
```

從管理員的角度來看，你已經完成所有事情了，接下來要讓你的開發者使用這個密鑰。現在換個角色，假設你是開發者，想要在一個 pod 內使用這個密碼。

你可以將 secret 當成 volume 掛載到你的 pod 中，然後像讀取普通檔案一樣讀取並使用它。建立並保存下面的 manifest，將它命名為 *ppconsumer.yaml*：

```
apiVersion: v1
kind: Pod
metadata:
  name: ppconsumer
spec:
  containers:
  - name: shell
    image: busybox:1.36
    command:
      - "sh"
      - "-c"
      - "mount | grep access  && sleep 3600"
    volumeMounts:
      - name: passphrase
        mountPath: "/tmp/access"
        readOnly: true
  volumes:
  - name: passphrase
    secret:
      secretName: pp
```

現在啟動這個 pod，檢查它的 log，你應該可以看到 ppconsumer secret 檔案被掛載為 /
tmp/access/passphrase：

```
$ kubectl apply -f ppconsumer.yaml
pod/ppconsumer created

$ kubectl logs ppconsumer
tmpfs on /tmp/access type tmpfs (ro,relatime,size=7937656k)
```

若要在運行中的容器內讀取密碼，你只要讀取 *tmp/access* 內的 *passphrase* 檔案即可：

```
$ kubectl exec ppconsumer -i -t -- sh

/ # cat /tmp/access/passphrase
open sesame
/ # exit
```

討論

secret 存在於名稱空間的背景環境中，因此當你在設置或使用它們時應考慮這一點。

你可以透過以下兩種方法之一，從 pod 裡面的容器讀取 secret：

- volume（如解決方案所示，將內容存在 tmpfs volume 中）
- 使用 secret 作為環境變數（*https://oreil.ly/Edsr5*）

此外，請注意，secret 最大是 1 MiB。

kubectl create secret 處理三種類型的 secret，你要根據使用情況選擇不
同的類型：

- docker-registry 類型是和 Docker registry 一起使用的。
- generic 類型是我們在解決方案中使用的；它會用本地檔案、目錄
  或常值（你要自行將它編碼成 base64）來建立 secret。
- 使用 tls 可以建立（譬如）用於 ingress 的安全 SSL 憑證。

kubectl describe 不會以明文來顯示 secret 的內容，可以避免密碼被你後面的人偷看。但
是，你可以輕鬆地手動解碼它，因為它沒有被加密，只是用 base64 來編碼：

```
$ kubectl get secret pp -o yaml | \
    grep passphrase | \
    cut -d":" -f 2 | \
    awk '{$1=$1};1' | \
    base64 --decode
open sesame
```

在這個命令中，第一行提取 secret 的 YAML 表示法，第二行使用 grep 來提取 passphrase:
b3BlbiBzZXNhbWU= 這一行（注意開頭的空格）。然後，cut 提取密碼的內容，awk 命令去掉
開頭的空格。最後，base64 命令將它轉換回原始資料。

 你可以在啟動 kube-apiserver 時使用 --encryption-provider-config 選項來
靜態加密 secret。

參閱

- Kubernetes 的 secret 文件（*https://oreil.ly/cCddB*）
- 關於靜態加密資料的 Kubernetes 的文件（*https://oreil.ly/kAmrN*）

8.3 提供配置資料給應用程式

問題

你想要提供配置資料（configuration data）給應用程式，但不想把它儲存在容器映像
內，或把它寫死在 pod 規範中。

解決方案

使用 config map。它們是 Kubernetes 的一級（first-class）資源，可以讓你透過環境變數
或檔案來提供配置資料給 pod。

假設你想要建立一個具有鍵 siseversion 和值 0.9 的配置。做法很簡單：

```
$ kubectl create configmap nginxconfig \
    --from-literal=nginxgreeting="hello from nginx"
configmap/nginxconfig created
```

現在你可以在 deployment 中使用 config map，例如，在具有以下內容的 manifest 檔案中：

```
apiVersion: v1
kind: Pod
metadata:
  name: nginx
spec:
  containers:
  - name: nginx
    image: nginx:1.25.2
    env:
    - name: NGINX_GREETING
      valueFrom:
        configMapKeyRef:
          name: nginxconfig
          key: nginxgreeting
```

將這個 YAML manifest 存成 *nginxpod.yaml*，然後使用 kubectl 來建立 pod：

```
$ kubectl apply -f nginxpod.yaml
pod/nginx created
```

你可以使用以下命令來列出 pod 的容器環境變數：

```
$ kubectl exec nginx -- printenv
PATH=/usr/local/sbin:/usr/local/bin:/usr/sbin:/usr/bin:/sbin:/bin
HOSTNAME=nginx
NGINX_GREETING=hello from nginx
KUBERNETES_PORT_443_TCP=tcp://10.96.0.1:443
...
```

討論

我們剛才展示了如何將配置當成環境變數來傳遞。但是，你也可以使用一個 volume 將它當成檔案來掛載至 pod 內。

假設你有以下的 *example.cfg* 配置檔案：

```
debug: true
home: ~/abc
```

你可以建立一個儲存配置檔案的 config map：

```
$ kubectl create configmap configfile --from-file=example.cfg
configmap/configfile created
```

現在你可以像使用任何其他 volume 一樣使用 config map。下面是一個名為 oreilly 的
pod 的 manifest 檔案；它使用 busybox 映像，僅睡眠 3,600 秒。在 volumes 部分，有一
個名為 oreilly 的 volume，它使用我們剛才建立的 config map configfile。然後，該
volume 被掛載到容器內的路徑 /oreilly。因此，你可以在 pod 內訪問該檔案：

```
apiVersion: v1
kind: Pod
metadata:
  name: oreilly
spec:
  containers:
  - image: busybox:1.36
    command:
      - sleep
      - "3600"
    volumeMounts:
    - mountPath: /oreilly
      name: oreilly
    name: busybox
  volumes:
  - name: oreilly
    configMap:
      name: configfile
```

建立 pod 後，你可以確認 *example.cfg* 檔案確實在裡面：

```
$ kubectl exec -ti oreilly -- ls -l oreilly
total 0
lrwxrwxrwx   1 root   root   18 Mar 31 09:39 example.cfg -> ..data/example.cfg

$ kubectl exec -ti oreilly -- cat oreilly/example.cfg
debug: true
home: ~/abc
```

訣竅 11.7 有一個說明如何用檔案來建立 config map 的完整範例。

參閱

- Kubernetes 文件中的「Configure a Pod to Use a ConfigMap」（*https://oreil.ly/R1FgU*）

8.4 用 Minikube 來使用持久 volume

問題

你不想要失去容器所使用的磁碟內的資料，也就是說，你想要確保它在 pod 重啟時仍然存在。

解決方案

使用持久 volume（persistent volume，PV）。在使用 Minikube 的情況下，你可以建立一個 type 為 hostPath 的 PV，並且像普通的 volume 一樣，將它掛載至容器的檔案系統中。

首先，在一個名為 *hostpath-pv.yaml* 的 manifest 中定義 PV hostpathpv：

```
apiVersion: v1
kind: PersistentVolume
metadata:
  name: hostpathpv
  labels:
    type: local
spec:
  storageClassName: manual
  capacity:
    storage: 1Gi
  accessModes:
  - ReadWriteOnce
  hostPath:
    path: "/tmp/pvdata"
```

然而，在建立 PV 之前，你要在節點準備 */tmp/pvdata* 目錄，也就是 Minikube 實例本身。你可以使用 minikube ssh 來進入運行 Kubernetes 叢集的節點：

```
$ minikube ssh

$ mkdir /tmp/pvdata && \
    echo 'I am content served from a delicious persistent volume' > \
    /tmp/pvdata/index.html

$ cat /tmp/pvdata/index.html
I am content served from a delicious persistent volume

$ exit
```

現在你已經在節點準備好目錄了，接下來可以用 manifest 檔案 *hostpath-pv.yaml* 來建立 PV：

```
$ kubectl apply -f hostpath-pv.yaml
persistentvolume/hostpathpv created
```

```
$ kubectl get pv
NAME          CAPACITY   ACCESSMODES   RECLAIMPOLICY   STATUS      ...   ...   ...
hostpathpv    1Gi        RWO           Retain          Available   ...   ...   ...
```

```
$ kubectl describe pv/hostpathpv
Name:             hostpathpv
Labels:           type=local
Annotations:      <none>
Finalizers:       [kubernetes.io/pv-protection]
StorageClass:     manual
Status:           Available
Claim:
Reclaim Policy:   Retain
Access Modes:     RWO
VolumeMode:       Filesystem
Capacity:         1Gi
Node Affinity:    <none>
Message:
Source:
    Type:           HostPath (bare host directory volume)
    Path:           /tmp/pvdata
    HostPathType:
Events:             <none>
```

到目前為止，你都是以管理員的身分來執行這些步驟。你會定義 PV，並在 Kubernetes 叢集上提供它們給開發者使用。

現在，從開發者的角度來看，你可以在 pod 中使用 PV。這是透過 *persistent volume claim*（PVC）來完成的，之所以取這個名稱是因為你實際上是在聲索（claim）一個滿足特定特性（例如大小或儲存類別）的 PV。

建立一個名為 *pvc.yaml* 的 manifest 檔案，定義一個 PVC，要求 200 MB 的空間：

```
apiVersion: v1
kind: PersistentVolumeClaim
metadata:
  name: mypvc
spec:
  storageClassName: manual
```

```
accessModes:
- ReadWriteOnce
resources:
  requests:
    storage: 200Mi
```

接下來，啟動 PVC 並確認其狀態：

```
$ kubectl apply -f pvc.yaml
persistentvolumeclaim/mypvc created
```

```
$ kubectl get pv
NAME         CAPACITY   ACCESSMODES   ...   STATUS   CLAIM           STORAGECLASS
hostpathpv   1Gi        RWO           ...   Bound    default/mypvc   manual
```

請注意，PV hostpathpv 的狀態從 Available 變為 Bound。

最後，我們要使用容器內的 PV 中的資料了，這次要透過一個 deployment 來將它掛載至檔案系統中。建立一個名為 *nginx-using-pv.yaml* 的檔案，其內容如下：

```
apiVersion: apps/v1
kind: Deployment
metadata:
  name: nginx-with-pv
spec:
  replicas: 1
  selector:
    matchLabels:
      app: nginx
  template:
    metadata:
      labels:
        app: nginx
    spec:
      containers:
      - name: webserver
        image: nginx:1.25.2
        ports:
        - containerPort: 80
        volumeMounts:
        - mountPath: "/usr/share/nginx/html"
          name: webservercontent
      volumes:
      - name: webservercontent
        persistentVolumeClaim:
          claimName: mypvc
```

並啟動 deployment：

```
$ kubectl apply -f nginx-using-pv.yaml
deployment.apps/nginx-with-pv created

$ kubectl get pvc
NAME    STATUS  VOLUME      CAPACITY  ACCESSMODES  STORAGECLASS  AGE
mypvc   Bound   hostpathpv  1Gi       RWO          manual        12m
```

如你所見，PV 已經透過你之前建立的 PVC 來提供功能了。

為了確定資料真的到達，你可以建立一個 service（參見訣竅 5.1）以及一個 Ingress 物件（參見訣竅 5.5），然後像這樣訪問它：

```
$ curl -k -s https://192.168.99.100/web
I am content served from a delicious persistent volume
```

好棒！你（管理員）配置了一個持久 volume，並（開發者）透過 persistent volume claim 來聲索它，在 pod 中將它掛載到容器檔案系統中，於 deployment 使用它。

討論

在解決方案中，我們使用了一個 type 為 hostPath 的持久 volume。在生產環境中，你不應該使用它，而是要請你的叢集管理員行行好，提供一個由 NFS 或 Amazon Elastic Block Store（EBS）volume 支援的網路 volume，以確保你的資料在單節點故障時可以保留下來，並可供使用。

> 切記，PV 是範圍擴及叢集的資源，也就是說，它們不使用名稱空間。但是，PVC 使用名稱空間。你可以使用 PVC 在特定名稱空間聲索 PV。

參閱

- Kubernetes 持久 volume 文件（*https://oreil.ly/IMCId*）

- Kubernetes 文件中的「Configure a Pod to Use a PersistentVolume for Storage」（*https://oreil.ly/sNDkp*）

8.5 在 Minikube 瞭解資料可否持久保存

問題

你想要使用 Minikube 在 Kubernetes 中部署一個有狀態（stateful）的應用程式。具體來說，你想要部署一個 MySQL 資料庫。

解決方案

在 pod 定義或資料庫模板中使用 PersistentVolumeClaim 物件（參見訣竅 8.4）。

首先，你要發出請求，請求特定容量的儲存空間。下面的 *data.yaml* 檔案請求 1 GB 的儲存空間：

```
apiVersion: v1
kind: PersistentVolumeClaim
metadata:
  name: data
spec:
  accessModes:
    - ReadWriteOnce
  resources:
    requests:
      storage: 1Gi
```

在 Minikube 上，建立這個 PVC，並看到有一個持久 volume 立刻被建立，符合此一 claim：

```
$ kubectl apply -f data.yaml
persistentvolumeclaim/data created

$ kubectl get pvc
NAME   STATUS   VOLUME                                     CAPACITY ...  ...  ...
data   Bound    pvc-da58c85c-e29a-11e7-ac0b-080027fcc0e7   1Gi       ...  ...  ...

$ kubectl get pv
NAME                                       CAPACITY  ...  ...  ...  ...  ...
pvc-da58c85c-e29a-11e7-ac0b-080027fcc0e7   1Gi       ...  ...  ...  ...  ...
```

現在你可以在 pod 中使用這個 claim 了。在 pod manifest 裡的 volumes 部分定義一個 volume，使用 PVC 類型和你剛才建立的 PVC 的參考來定義一個 volume。

在 volumeMounts 欄位裡，你會在容器內的特定路徑掛載這個 volume。對 MySQL 而言，你會將它掛載於 /var/lib/mysql：

```
apiVersion: v1
kind: Pod
metadata:
  name: db
spec:
  containers:
  - image: mysql:8.1.0
    name: db
    volumeMounts:
    - mountPath: /var/lib/mysql
      name: data
    env:
      - name: MYSQL_ROOT_PASSWORD
        value: root
  volumes:
  - name: data
    persistentVolumeClaim:
      claimName: data
```

討論

Minikube 有現成的預設儲存類別，它定義一個預設的持久 volume 提供者（provisioner）。這意味著在建立一個 persistent volume claim 時，Kubernetes 會動態地建立一個相符的持久 volume 來滿足該 claim。

這就是在解決方案裡發生的事情。當你建立名為 data 的 persistent volume claim 時，Kubernetes 會自動建立一個符合該 claim 的持久 volume。如果你更深入地檢查 Minikube 的預設儲存類別，你會看到提供者類型：

```
$ kubectl get storageclass
NAME                PROVISIONER               ...
standard (default)  k8s.io/minikube-hostpath  ...

$ kubectl get storageclass standard -o yaml
apiVersion: storage.k8s.io/v1
kind: StorageClass
...
provisioner: k8s.io/minikube-hostpath
reclaimPolicy: Delete
```

這個特定的儲存類別使用一個 storage provisioner（儲存配置器），它會建立 hostPath 類型的持久 volume。你可以在 PV 的 manifest 裡看到它，該 manifest 是為了匹配你之前建立的 claim 而建立的：

```
$ kubectl get pv
NAME                                          CAPACITY   ... CLAIM          ...
pvc-da58c85c-e29a-11e7-ac0b-080027fcc0e7      1Gi        ... default/data   ...

$ kubectl get pv pvc-da58c85c-e29a-11e7-ac0b-080027fcc0e7 -o yaml
apiVersion: v1
kind: PersistentVolume
...
  hostPath:
    path: /tmp/hostpath-provisioner/default/data
    type: ""
...
```

為了確認所建立的主機 volume 保存了資料庫 data，你可以連接至 Minikube，並列出目錄裡的檔案：

```
$ minikube ssh

$ ls -l /tmp/hostpath-provisioner/default/data
total 99688
...
drwxr-x--- 2 999 docker     4096 Mar 31 11:11  mysql
-rw-r----- 1 999 docker 31457280 Mar 31 11:11  mysql.ibd
lrwxrwxrwx 1 999 docker       27 Mar 31 11:11  mysql.sock -> /var/run/mysqld/...
drwxr-x--- 2 999 docker     4096 Mar 31 11:11  performance_schema
-rw------- 1 999 docker     1680 Mar 31 11:11  private_key.pem
-rw-r--r-- 1 999 docker      452 Mar 31 11:11  public_key.pem
...
```

現在資料確實有持久性了，如果 pod 停止運行（或你刪除它），你的資料仍然有效。

一般來說，儲存類別（storage class）可讓叢集管理員定義他們提供的各種儲存類型。對開發者來說，它將儲存類型抽象化，讓開發者可以使用 PVC 而不需要煩惱儲存提供者（storage provider）本身。

參閱

- Kubernetes persistent volume claim 文件（*https://oreil.ly/8CRZI*）
- Kubernetes 儲存類別文件（*https://oreil.ly/32-fw*）

8.6 將加密後的祕密資訊儲存在版本控制系統中

問題

你想要將所有 Kubernetes manifest 儲存在版本控制系統中，並安全地共享它們（甚至公開），包括 secret。

解決方案

使用 sealed-secrets（*https://oreil.ly/r-83j*）。sealed-secrets 是一種 Kubernetes 控制器，它可以解密單向加密的 secret，並在叢集內部建立 Secret 物件（參見訣竅 8.2）。

首先，從發表頁面（*https://oreil.ly/UgMpf*）安裝 v0.23.1 版本的 sealed-secrets 控制器：

```
$ kubectl apply -f https://github.com/bitnami-labs/sealed-secrets/
releases/download/v0.23.1/controller.yaml
```

在 kube-system 名稱空間裡，你會有一個新的自訂資源，和一個正在運行的新 pod：

```
$ kubectl get customresourcedefinitions
NAME                        CREATED AT
sealedsecrets.bitnami.com   2023-01-18T09:23:33Z

$ kubectl get pods -n kube-system  -l name=sealed-secrets-controller
NAME                                          READY   STATUS    RESTARTS   AGE
sealed-secrets-controller-7ff6f47d47-dd76s    1/1     Running   0          2m22s
```

接下來，從發表頁面（*https://oreil.ly/UgMpf*）下載對應的 kubeseal 二進制檔版本。這個工具可以讓你加密資訊。

例如，在 macOS（amd64）上執行：

```
$ wget https://github.com/bitnami-labs/sealed-secrets/releases/download/
v0.23.1/kubeseal-0.23.1-darwin-amd64.tar.gz

$ tar xf kubeseal-0.23.1-darwin-amd64.tar.gz

$ sudo install -m 755 kubeseal /usr/local/bin/kubeseal

$ kubeseal --version
kubeseal version: 0.23.1
```

現在你可以開始使用 sealed-secrets 了。首先，產生一般的 secret manifest：

```
$ kubectl create secret generic oreilly --from-literal=password=root -o json \
    --dry-run=client > secret.json

$ cat secret.json
{
    "kind": "Secret",
    "apiVersion": "v1",
    "metadata": {
        "name": "oreilly",
        "creationTimestamp": null
    },
    "data": {
        "password": "cm9vdA=="
    }
}
```

接著使用 kubeseal 命令來產生新的自訂 SealedSecret 物件：

```
$ kubeseal < secret.json > sealedsecret.json

$ cat sealedsecret.json
{
  "kind": "SealedSecret",
  "apiVersion": "bitnami.com/v1alpha1",
  "metadata": {
    "name": "oreilly",
    "namespace": "default",
    "creationTimestamp": null
  },
  "spec": {
    "template": {
      "metadata": {
        "name": "oreilly",
        "namespace": "default",
        "creationTimestamp": null
      }
    },
    "encryptedData": {
      "password": "AgCyN4kBwl/eLt7aaaCDDNlFDp5s93QaQZZ/mm5BJ6SK1WoKyZ45hz..."
    }
  }
}
```

建立 SealedSecret 物件：

```
$ kubectl apply -f sealedsecret.json
sealedsecret.bitnami.com/oreilly created
```

現在你可以將 *sealedsecret.json* 安全地儲存在版本控制系統裡了。

討論

建立 SealedSecret 物件之後，控制器會偵測到它，解密它，並產生對應的 secret。

你的敏感資訊會被加密到 SealedSecret 物件中，它是一種自訂資源（參見訣竅 15.4）。
SealedSecret 可以安全地儲存在版本控制系統中，並共享甚至公開。當你在 Kubernetes
API 伺服器上建立 SealedSecret 時，只有儲存於 sealed-secret 控制器中的私鑰可以解密
它，並建立對應的 Secret 物件（它只用 base64 編碼）。其他人都無法從 SealedSecret 解
密出原始的 Secret，包括原始作者。

儘管使用者無法從 SealedSecret 物件解密出原始的 Secret，但他們或許能夠在叢集內訪
問未密封（unsealed）的 Secret。你應該配置 RBAC 以禁止低權限使用者讀取禁止他們
訪問的名稱空間內的 Secret 物件。

下面的命令可以列出當下名稱空間中的 SealedSecret 物件：

```
$ kubectl get sealedsecret
NAME      AGE
oreilly   14s
```

參閱

- GitHub 的 sealed-secrets 專案（*https://oreil.ly/SKVWq*）

- Angus Lees 的文章「Sealed Secrets:Protecting Your Passwords Before They Reach
  Kubernetes」（*https://oreil.ly/Ie3nB*）

## 第九章

規模縮放

在 Kubernetes 中,縮放(scaling)對不同的使用者而言可能意味著不同的事情。我們分成兩種情況:

叢集縮放(*cluster scaling*)

有時稱為 *cluster elasticity*,它是指根據叢集的使用率來加入或移除工作節點的(自動化)程序。

應用等級的縮放(*application-level scaling*)

有時稱為 *pod scaling*,它是指根據各種指標,對 pod 特性進行操作的(自動化)程序,那些指標可能是低階訊號(例如 CPU 使用率),或更高階的訊號(例如對特定 pod 而言,每秒服務的 HTTP 請求)。

pod 級縮放器有兩種類型:

水平 *pod* 自動縮放器(*HPAs*)

HPAs 會根據特定指標來自動增加或減少 pod 複本的數量。

垂直 *pod* 自動縮放器(*VPAs*)

VPAs 會自動增加或減少在 pod 中運行的容器的資源需求。

本章先探討 GKE、AKS 和 EKS 的叢集縮放,再討論以 HPA 進行 pod 縮放。

9.1 縮放部署

問題

你有一個 deployment，想要水平縮放它。

解決方案

使用 kubectl scale 命令來縮放 deployment。

我們再次使用訣竅 4.5 中的 fancyapp deployment 的五個複本。如果它尚未開始運行，請使用 kubectl apply -f fancyapp.yaml 來建立它。

現在假設負載減少了，所以不需要用到五個複本，只要三個，將 deployment 縮減為三個複本的方法是：

```
$ kubectl get deploy fancyapp
NAME       READY   UP-TO-DATE   AVAILABLE   AGE
fancyapp   5/5     5            5           59s

$ kubectl scale deployment fancyapp --replicas=3
deployment "fancyapp" scaled

$ kubectl get deploy fancyapp
NAME       READY   UP-TO-DATE   AVAILABLE   AGE
fancyapp   3/3     3            3           81s
```

你可以將這個程序自動化，以免手動縮放部署，範例參見訣竅 9.2。

9.2 使用水平 pod 自動縮放

問題

你想要根據當下的負載，自動增加或減少 deployment 中的 pod 數量。

解決方案

使用 HPA，方法如下所示。

為了使用 HPA，你必須有 Kubernetes Metrics API。安裝 Kubernetes Metrics Server 的方法請參見訣竅 2.7。

首先，建立一個應用程式（一個 PHP 環境和伺服器），作為 HPA 的目標：

```
$ kubectl create deployment appserver --image=registry.k8s.io/hpa-example \
    --port 80
deployment.apps/appserver created
$ kubectl expose deployment appserver --port=80 --target-port=80
$ kubectl set resources deployment appserver -c=hpa-example --requests=cpu=200m
```

接下來，建立一個 HPA，並定義觸發參數 --cpu-percent=40，這意味著 CPU 使用率不應該超過 40%：

```
$ kubectl autoscale deployment appserver --cpu-percent=40 --min=1 --max=5
horizontalpodautoscaler.autoscaling/appserver autoscaled

$ kubectl get hpa --watch
NAME       REFERENCE             TARGETS   MINPODS   MAXPODS   REPLICAS   AGE
appserver  Deployment/appserver  1%/40%    1         5         1          2m29s
```

在第二個終端機對話中注意 deployment 的情況：

```
$ kubectl get deploy appserver --watch
```

最後，在第三個終端機對話中，啟動負載 generator：

```
$ kubectl run -i -t loadgen --rm --image=busybox:1.36 --restart=Never -- \
    /bin/sh -c "while sleep 0.01; do wget -q -O- http://appserver; done"
```

因為有三個平行的終端機對話，我們用圖 9-1 來概述整個情況。

```
✕ kubectl
›$ kubectl get hpa --watch
NAME         REFERENCE               TARGETS         MINPODS   MAXPODS   REPLICAS   AGE
appserver    Deployment/appserver    <unknown>/40%   1         5         0          6s
appserver    Deployment/appserver    <unknown>/40%   1         5         1          15s
appserver    Deployment/appserver    115%/40%        1         5         1          60s
appserver    Deployment/appserver    115%/40%        1         5         3          75s
appserver    Deployment/appserver    176%/40%        1         5         3          2m
▯
```

```
✕ kubectl
appserver    1/3    1    1    103s
appserver    1/3    1    1    103s
appserver    1/3    3    1    103s
appserver    2/3    3    2    106s
appserver    3/3    3    3    107s
appserver    3/5    3    3    2m43s
appserver    3/5    3    3    2m43s
appserver    3/5    3    3    2m43s
appserver    3/5    5    3    2m43s
appserver    4/5    5    4    2m46s
appserver    5/5    5    5    2m47s
▯
```

```
✕ kubectl
/bin/sh -c "while sleep 0.01; do wget -q -O- http://appserver; done"
If you don't see a command prompt, try pressing enter.
OK!OK!OK!OK!OK!OK!OK!OK!OK!OK!OK!OK!OK!OK!OK!OK!OK!OK!OK!OK!OK!OK!OK!OK!OK!OK!OK!OK!
K!OK!OK!OK!OK!OK!OK!OK!OK!OK!OK!OK!OK!OK!OK!OK!OK!OK!OK!OK!OK!OK!OK!OK!OK!OK!OK!OK!O
!OK!OK!OK!OK!OK!OK!OK!OK!OK!OK!OK!OK!OK!OK!OK!OK!OK!OK!OK!OK!OK!OK!OK!OK!OK!OK!OK!OK!
OK!OK!OK!OK!OK!OK!OK!OK!OK!OK!OK!OK!OK!OK!OK!OK!OK!OK!OK!OK!OK!OK!OK!OK!OK!OK!OK!OK!
K!OK!OK!OK!OK!OK!OK!OK!OK!OK!OK!OK!OK!OK!OK!OK!OK!OK!OK!OK!OK!OK!OK!OK!OK!OK!OK!OK!O
!OK!OK!OK!OK!OK!OK!OK!OK!OK!OK!OK!OK!OK!OK!OK!OK!OK!OK!OK!OK!OK!OK!OK!OK!OK!OK!OK!OK!
OK!OK!OK!OK!OK!OK!OK!OK!OK!OK!OK!OK!OK!OK!OK!OK!OK!OK!OK!OK!OK!OK!OK!OK!OK!OK!OK!OK!
K!OK!OK!OK!OK!OK!OK!OK!OK!OK!OK!OK!OK!OK!OK!OK!OK!OK!OK!OK!OK!OK!OK!OK!OK!OK!OK!OK!O
!OK!OK!OK!OK!OK!OK!OK!OK!OK!OK!OK!OK!OK!OK!OK!OK!OK!OK!OK!OK!OK!OK!OK!OK!OK!OK!OK!OK!
OK!OK!OK!OK!OK!OK!OK!OK!OK!OK!OK!OK!OK!OK!OK!OK!OK!OK!OK!OK!OK!OK!OK!OK!OK!OK!OK!OK!
K!OK!OK!OK!OK!OK!OK!OK!OK!OK!OK!OK!OK!OK!OK!OK!OK!OK!OK!OK!OK!OK!OK!OK!OK!OK!OK!OK!O
!OK!OK!OK!OK!OK!OK!OK!OK!OK!OK!OK!OK!OK!OK!OK!OK!OK!OK!OK!OK!OK!OK!OK!OK!OK!OK!OK!OK
```

```
✕ kubectl
›$ kubectl proxy
Starting to serve on 127.0.0.1:8001
■
```

圖 9-1 設定 HPA 的終端機對話

你可以在圖 9-2 所示的 Kubernetes 儀表板中，看到 HPA 對 appserver deployment 造成的影響。

Pods

	Name	Images	Labels	Node
●	appserver-df98c8594-5mcsh	gcr.io/google_containers/hpa-example	app: appserver pod-template-hash: df98c8594	gke-supersizer pool-01e7dbd3
●	appserver-df98c8594-8pgpb	gcr.io/google_containers/hpa-example	app: appserver pod-template-hash: df98c8594	gke-supersizer pool-01e7dbd3
●	appserver-df98c8594-glc79	gcr.io/google_containers/hpa-example	app: appserver pod-template-hash: df98c8594	gke-supersizer pool-01e7dbd3
●	appserver-df98c8594-qvrzg	gcr.io/google_containers/hpa-example	app: appserver pod-template-hash: df98c8594	gke-supersizer pool-01e7dbd3

圖 9-2　Kubernetes 儀表板，展示 HPA 的影響

參閱

- Kubernetes Event-driven Autoscaling（*https://keda.sh*）
- Kubernetes 文件中的 HPA 指南（*https://oreil.ly/b6Pwx*）

9.3 自動縮放 GKE 裡的叢集

問題

你希望 GKE 叢集的節點數量能夠根據使用率來自動增加或減少。

解決方案

使用 GKE Cluster Autoscaler。本訣竅假設你安裝了 gcloud 命令並設置了環境（也就是你已經建立一個專案並啟用計費方案）。

建立一個帶有一個工作節點，並啟用了叢集自動縮放的叢集：

```
$ gcloud container clusters create supersizeme --zone=us-west1-a \
    --machine-type=e2-small --num-nodes=1 \
    --min-nodes=1 --max-nodes=3 --enable-autoscaling
Creating cluster supersizeme in us-west1-a... Cluster is being health-checked
(master is healthy)...done.
Created [https://container.googleapis.com/v1/projects/k8s-cookbook/zones/
us-west1-a/clusters/supersizeme].
To inspect the contents of your cluster, go to: https://console.cloud.google.com/
kubernetes/workload_/gcloud/us-west1-a/supersizeme?project=k8s-cookbook
kubeconfig entry generated for supersizeme.
NAME          LOCATION      ...  MACHINE_TYPE  NODE_VERSION     NUM_NODES  STATUS
supersizeme   us-west1-a    ...  e2-small      1.26.5-gke.1200  1          RUNNING
```

此時，在 Google Cloud 控制台裡，你應該會看到類似圖 9-3 所示的內容。

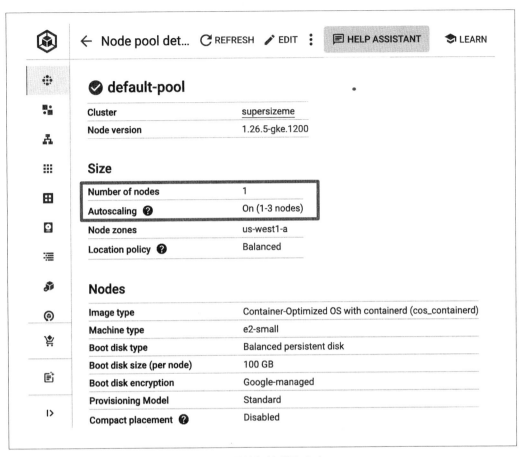

圖 9-3 Google Cloud 控制台，顯示一個節點的初始叢集大小

然後使用一個 deployment 來啟動三個 pod，並請求叢集資源，以觸發叢集自動縮放：

```
$ kubectl create deployment gogs --image=gogs/gogs:0.13 --replicas=3
$ kubectl set resources deployment gogs -c=gogs --requests=cpu=200m,memory=256Mi
```

過了一段時間後，部署將會更新：

```
$ kubectl get deployment gogs
NAME   READY   UP-TO-DATE   AVAILABLE   AGE
gogs   3/3     3            3           2m27s
```

現在，你應該有兩個節點的叢集，如圖 9-4 所示。

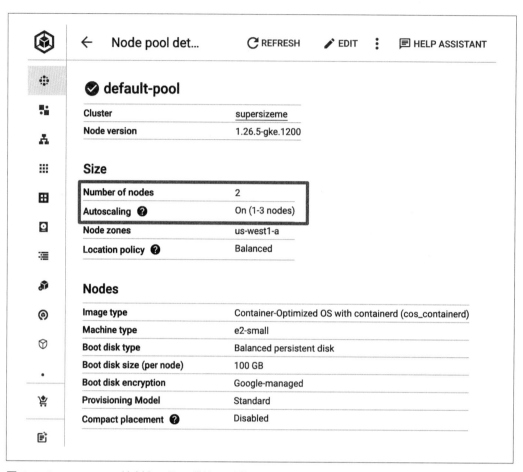

圖 9-4　Google Cloud 控制台，顯示叢集已縮放為兩個節點

討論

在建立 GKE 叢集之後，你可以為它啟用叢集自動縮放功能或更新它：

```
$ gcloud container clusters update supersizeme --zone=us-west1-a \
    --min-nodes=1 --max-nodes=3 --enable-autoscaling
```

在叢集節點裡面使用的機器類型（*https://oreil.ly/lz7wQ*）是你必須考慮的重要因素，取決於運行工作負載所需的資源。如果你的工作負載需要更多資源，你應該考慮較大的機器類型。

與 pod 縮放不同的是，叢集縮放會在你的叢集裡動態地加入資源，這可能大幅增加你的雲端費用。務必適當地配置 GKE 叢集的最大節點數量，以避免超出你的預算。

當你再也不需要該叢集時，務必刪除它，以免為未使用的計算資源付費：

```
$ gcloud container clusters delete supersizeme
```

參閱

- 於 *kubernetes/autoscaler* 版本庫的 Cluster Autoscaler（*https://oreil.ly/QHik5*）
- 於 GKE 文件的 Cluster Autoscaler（*https://oreil.ly/g8lfr*）

9.4 自動縮放 Amazon EKS 叢集

問題

你希望 AWS EKS 叢集中的節點數量能夠根據使用率而自動增長或減少。

解決方案

使用 Cluster Autoscaler（*https://oreil.ly/6opBo*），這是一個利用 AWS 自動縮放群組的 Helm 套件。請參考訣竅 6.1 來安裝所需的 Helm 用戶端，以安裝該套件。

首先，建立一個帶有一個工作節點的叢集，並確定你可以使用 kubectl 來訪問它：

```
$ eksctl create cluster --name supersizeme \
    --region eu-central-1 --instance-types t3.small \
    --nodes 1 --nodes-min 1 --nodes-max 3
2023-04-11 12:00:50 [i]  eksctl version 0.136.0-dev+3f5a7c5e0.2023-03-31T10...
2023-04-11 12:00:50 [i]  using region eu-central-1
...
2023-04-11 12:17:31 [i]  kubectl command should work with "/Users/sameersbn/
.kube/config", try 'kubectl get nodes'
2023-04-11 12:17:31 [✔]  EKS cluster "supersizeme" in "eu-central-1" region
is ready

$ aws eks update-kubeconfig --name supersizeme --region eu-central-1
```

接下來，部署 Cluster Autoscaler Helm chart：

```
$ helm repo add autoscaler https://kubernetes.github.io/autoscaler
$ helm install autoscaler autoscaler/cluster-autoscaler \
    --set autoDiscovery.clusterName=supersizeme \
    --set awsRegion=eu-central-1 \
    --set awsAccessKeyID=<YOUR AWS KEY ID> \
    --set awsSecretAccessKey=<YOUR AWS SECRET KEY>
```

此時，叢集只有一個節點：

```
$ kubectl get nodes
NAME                                 STATUS   ROLES    AGE   VERSION
ip...eu-central-1.compute.internal   Ready    <none>   31m   v1.25.9-eks-0a21954
```

現在使用 deployment 來啟動五個 pod，並請求叢集資源，以觸發叢集自動縮放：

```
$ kubectl create deployment gogs --image=gogs/gogs:0.13 --replicas=5
$ kubectl set resources deployment gogs -c=gogs --requests=cpu=200m,memory=512Mi
```

過一段時間後，部署將會更新：

```
$ kubectl get deployment gogs
NAME   READY   UP-TO-DATE   AVAILABLE   AGE
gogs   5/5     5            5           2m7s
```

現在，你的叢集應該已經擴展，可容納所需的資源：

```
$ kubectl get nodes
NAME                                 STATUS   ROLES    AGE   VERSION
ip...eu-central-1.compute.internal   Ready    <none>   92s   v1.25.9-eks-0a21954
ip...eu-central-1.compute.internal   Ready    <none>   93s   v1.25.9-eks-0a21954
ip...eu-central-1.compute.internal   Ready    <none>   36m   v1.25.9-eks-0a21954
```

為了避免為未使用的資源買單，如果你不需要叢集了，記得刪除它：

```
$ eksctl delete cluster --name supersizeme --region eu-central-1
```

## 第十章

資訊安全

要在 Kubernetes 中運行應用程式，開發者和運維人員應一起負責將攻擊向量最小化，遵守最小權限原則，並清楚地定義資源的訪問權限。本章提供可以使用的、也應該使用的訣竅，以確保你的叢集和應用程式安全地運行。本章的訣竅涵蓋以下內容：

- 服務帳號的角色和用法
- 基於角色的訪問控制（role-based access control，RBAC）
- 定義 pod 的 security context（安全環境）

10.1 為應用程式提供唯一的身分

問題

你想要仔細地授權應用程式對受限資源的訪問。

解決方案

建立一個具有特定機密訪問權限的服務帳號，並在 pod 規格中引用它。

首先，我們為這個訣竅和後續的訣竅建立一個專用的名稱空間，稱為 sec：

```
$ kubectl create namespace sec
namespace/sec created
```

接著，在名稱空間內建立一個名為 myappsa 的新服務帳號，並仔細查看它：

```
$ kubectl create serviceaccount myappsa -n sec
serviceaccount/myappsa created

$ kubectl describe sa myappsa -n sec
Name:                myappsa
Namespace:           sec
Labels:              <none>
Annotations:         <none>
Image pull secrets:  <none>
Mountable secrets:   <none>
Tokens:              <none>
Events:              <none>
```

如下所示，你可以在 pod 的 manifest 中引用這個服務帳號，我們稱之為 *service-accountpod.yaml*。請注意，我們也將這個 pod 放在 sec 名稱空間中：

```
apiVersion: v1
kind: Pod
metadata:
  name: myapp
  namespace: sec
spec:
  serviceAccountName: myappsa
  containers:
  - name: main
    image: busybox:1.36
    command:
      - "bin/sh"
      - "-c"
      - "sleep 10000"
```

建立 pod：

```
$ kubectl apply -f serviceaccountpod.yaml
pod/myapp created
```

服務帳號的 API 憑證會被自動掛載於 */var/run/secrets/kubernetes.io/serviceaccount/token*：

```
$ kubectl exec myapp -n sec -- \
    cat /var/run/secrets/kubernetes.io/serviceaccount/token
eyJhbGciOiJSUzI1NiIsImtpZCI6IkdHeTRHOUUwNl ...
```

myappsa 服務帳號的權杖確實已被掛載在 pod 中的預期位置以供使用。

雖然服務帳號本身沒有太大的用途，但它是讓你仔細地控制訪問的基石。更多資訊請參見訣竅 10.2。

討論

進行身分驗證和授權的先決條件是有能力辨識實體（entity）。從 API 伺服器的角度來看，實體有兩種類型：人類使用者和應用程式。使用者身分（的管理）超出 Kubernetes 的範圍，但有一種一級資源代表應用程式的身分：服務帳號。

嚴格說來，應用程式的身分驗證是透過位於 */var/run/secrets/kubernetes.io/serviceaccount/token* 的檔案裡的權杖來進行的，該檔案是透過 secret 自動掛載的。服務帳號是具有名稱空間的資源，其表示法為：

```
system:serviceaccount:$NAMESPACE:$SERVICEACCOUNT
```

列出特定名稱空間內的服務帳號可得到這樣的結果：

```
$ kubectl get sa -n sec
NAME       SECRETS    AGE
default    0          3m45s
myappsa    0          3m2s
```

注意名為 `default` 的服務帳號。這是自動建立的，如果你沒有明確地為 pod 設置服務帳號（就像解決方案所做的那樣），它會被設為其名稱空間中的預設服務帳號。

參閱

- Kubernetes 文件中的「Managing Service Accounts」（*https://oreil.ly/FsNK7*）

- Kubernetes 文件中的「Configure Service Accounts for Pods」（*https://oreil.ly/mNP_M*）

- Kubernetes 文件中的「Pull an Image from a Private Registry」（*https://oreil.ly/Fg06V*）

10.2 列出與查看訪問控制資訊

問題

你想要瞭解你有權限執行的操作，例如，更新 deployment 或列出 secret。

解決方案

以下解決方案假設你使用 RBAC 作為授權模式（*https://oreil.ly/K7y65*）。RBAC 是 Kubernetes 控制訪問的預設模式。

你可以使用 kubectl auth can-i 命令來檢查特定用戶能否對某個資源執行某個操作。例如執行以下命令來檢查上一個訣竅建立的服務帳號 system:serviceaccount:sec:myappsa 是否有權在 sec 名稱空間中列出 pod：

```
$ kubectl auth can-i list pods --as=system:serviceaccount:sec:myappsa -n=sec
no
```

你可以使用 Kubernetes 內建的 RBAC 系統來為服務帳號指定角色。例如為一個名稱空間預先定義 view 叢集角色，並將它指派給服務帳號，來授權該服務帳號查看該名稱空間裡的所有資源。

```
$ kubectl create rolebinding my-sa-view \
    --clusterrole=view \
    --serviceaccount=sec:myappsa \
    --namespace=sec
rolebinding.rbac.authorization.k8s.io/my-sa-view created
```

如果你再次執行相同的 can-i 命令，你會看到該服務帳號現在有權限在 sec 名稱空間中讀取 pod：

```
$ kubectl auth can-i list pods --as=system:serviceaccount:sec:myappsa -n=sec
yes
```

> 為了在 Minikube 上使用這個訣竅，取決於你運行的版本，你可能要在啟動 Minikube 叢集時，加入參數 --extra-config=apiserver.authorization-mode=Node,RBAC。

你可以這樣列出名稱空間中可用的角色：

```
$ kubectl get roles -n=kube-system
extension-apiserver-authentication-reader          2023-04-14T15:06:36Z
kube-proxy                                          2023-04-14T15:06:38Z
kubeadm:kubelet-config                              2023-04-14T15:06:36Z
kubeadm:nodes-kubeadm-config                        2023-04-14T15:06:36Z
system::leader-locking-kube-controller-manager      2023-04-14T15:06:36Z
system::leader-locking-kube-scheduler               2023-04-14T15:06:36Z
system:controller:bootstrap-signer                  2023-04-14T15:06:36Z
system:controller:cloud-provider                    2023-04-14T15:06:36Z
system:controller:token-cleaner                     2023-04-14T15:06:36Z
system:persistent-volume-provisioner                2023-04-14T15:06:39Z


$ kubectl get clusterroles
NAME                         CREATED AT
admin                        2023-04-14T15:06:36Z
cluster-admin                2023-04-14T15:06:36Z
edit                         2023-04-14T15:06:36Z
kubeadm:get-nodes            2023-04-14T15:06:37Z
system:aggregate-to-admin    2023-04-14T15:06:36Z
system:aggregate-to-edit     2023-04-14T15:06:36Z
system:aggregate-to-view     2023-04-14T15:06:36Z
system:auth-delegator        2023-04-14T15:06:36Z
...
```

從輸出中可以看到預先定義的角色，你可以直接讓使用者和服務帳號使用這些角色。

若要進一步探索特定角色，並瞭解被授權執行的操作有哪些，可使用以下命令：

```
$ kubectl describe clusterroles/view
Name:          view
Labels:        kubernetes.io/bootstrapping=rbac-defaults
               rbac.authorization.k8s.io/aggregate-to-edit=true
Annotations:   rbac.authorization.kubernetes.io/autoupdate=true
PolicyRule:
  Resources                        Non-Resource URLs    ...  ...
  ---------                        -----------------    ---  ---
  bindings                         []                   ...  ...
  configmaps                       []                   ...  ...
  cronjobs.batch                   []                   ...  ...
  daemonsets.extensions            []                   ...  ...
  deployments.apps                 []                   ...  ...
  deployments.extensions           []                   ...  ...
  deployments.apps/scale           []                   ...  ...
  deployments.extensions/scale     []                   ...  ...
  endpoints                        []                   ...  ...
```

```
events                                  []                      ... ...
horizontalpodautoscalers.autoscaling    []                      ... ...
ingresses.extensions                    []                      ... ...
jobs.batch                              []                      ... ...
limitranges                             []                      ... ...
namespaces                              []                      ... ...
namespaces/status                       []                      ... ...
persistentvolumeclaims                  []                      ... ...
pods                                    []                      ... ...
pods/log                                []                      ... ...
pods/status                             []                      ... ...
replicasets.extensions                  []                      ... ...
replicasets.extensions/scale            []                      ... ...
...
```

除了在 `kube-system` 名稱空間中定義的預設角色外,你也可以定義自己的角色,詳見訣竅 10.3。

討論

如圖 10-1 所示,在處理 RBAC 授權時有幾個部分:

- 一個實體,即群組、使用者或服務帳號

- 一個資源,例如 pod、服務或 secret

- 一個角色,定義對資源進行操作時的規則

- 一個角色綁定,將角色套用至一個實體

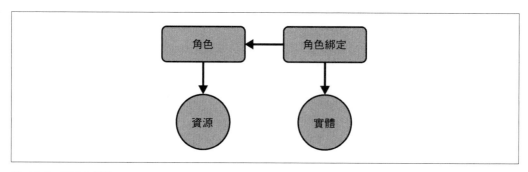

圖 10-1 RBAC 概念

角色在其規則中對資源進行的操作就是所謂的動詞:

- `get, list, watch`

- `create`

- `update/patch`

- `delete`

關於角色,我們將它分成兩種類型:

叢集範圍

叢集角色及其相應的叢集角色綁定。注意,你也可以將叢集角色附加到常規的角色綁定上。

名稱空間範圍

角色與角色綁定。

在訣竅 10.3 中,我們將進一步討論如何建立自己的規則,並將它們應用至使用者和資源上。

參閱

- Kubernetes 文件的「Authorization Overview」(*https://oreil.ly/57NdL*)

- Kubernetes 文件的「Using RBAC Authorization」(*https://oreil.ly/n0i0c*)

10.3 控制對於資源的訪問

問題

你想要允許或拒絕特定使用者或應用程式的某項操作,例如查看 secret 或更新一個 deployment。

解決方案

假設你想要限制應用程式只能查看 pod，也就是說，它只能列出 pod 和取得關於 pod 的詳細資訊。

我們將在一個名為 sec 的名稱空間中進行操作，所以首先使用 kubectl create namespace sec 來建立該名稱空間。

然後，在一個 YAML manifest 中建立一個 pod 定義，名為 *pod-with-sa.yaml*，並使用一個專用的服務帳號 myappsa（參見訣竅 10.1）：

```
apiVersion: v1
kind: Pod
metadata:
  name: myapp
  namespace: sec
spec:
  serviceAccountName: myappsa
  containers:
  - name: main
    image: busybox:1.36
    command:
      - "sh"
      - "-c"
      - "sleep 10000"
```

接下來，在 manifest *pod-reader.yaml* 中定義一個角色，我們將它命名為 podreader，該角色定義了可對資源進行的操作：

```
apiVersion: rbac.authorization.k8s.io/v1
kind: Role
metadata:
  name: podreader
  namespace: sec
rules:
- apiGroups: [""]
  resources: ["pods"]
  verbs: ["get", "list"]
```

最後一點也很重要，你要在 *pod-reader-binding.yaml* 中使用角色綁定來將角色 podreader 套用於至務帳號 myappsa：

```
apiVersion: rbac.authorization.k8s.io/v1
kind: RoleBinding
metadata:
  name: podreaderbinding
  namespace: sec
roleRef:
  apiGroup: rbac.authorization.k8s.io
  kind: Role
  name: podreader
subjects:
- kind: ServiceAccount
  name: myappsa
  namespace: sec
```

在建立相應的資源時，可以直接使用 YAML manifest（假設服務帳號已經被建立）：

```
$ kubectl create -f pod-reader.yaml
$ kubectl create -f pod-reader-binding.yaml
$ kubectl create -f pod-with-sa.yaml
```

你可以使用以下的命令，而不是為角色和角色綁定建立 manifest：

```
$ kubectl create role podreader \
    --verb=get --verb=list \
    --resource=pods -n=sec

$ kubectl create rolebinding podreaderbinding \
    --role=sec:podreader \
    --serviceaccount=sec:myappsa \
    --namespace=sec
```

注意，這是一個具名存取控制設置的例子，因為你使用了角色和角色綁定。對於叢集範圍的訪問控制，你要使用相應的 create clusterrole 和 create clusterrolebinding 命令。

討論

有時你不確定究竟該使用角色、叢集角色，還是角色綁定，以下是可以幫助你的簡單規則：

- 如果你想要限制針對特定名稱空間資源（例如服務或 pod）的訪問，可使用一個角色，和一個角色綁定（就像這個訣竅的做法）。

- 如果你想要在幾個命名空間中重複使用一個角色，可使用一個叢集角色和一個角色綁定。

- 如果你想要限制針對叢集範圍資源（例如節點）或跨越所有名稱空間的名稱空間範圍資源的訪問，可使用一個叢集角色和一個叢集角色綁定。

參閱

- Kubernetes 文件介紹 RBAC 的部分（*https://oreil.ly/n0i0c*）

10.4 保護 pod

問題

你想要在 pod 等級上，為一個應用程式定義 security context。例如，你想要讓應用程式以非特權程序（nonprivileged process）運行。

解決方案

在 Kubernetes 中，若要在 pod 等級上強制執行政策，你可以使用 pod 規格中的 securityContext 欄位。

假設你想要讓應用程式以非 root 使用者來運行。你可以在容器等級上使用 security context，如下面的 *securedpod.yaml* 所示：

```
kind: Pod
apiVersion: v1
metadata:
  name: secpod
spec:
  containers:
  - name: shell
    image: ubuntu:20.04
    command:
      - "bin/bash"
      - "-c"
      - "sleep 10000"
    securityContext:
      runAsUser: 5000
```

現在建立 pod 並檢查運行容器的使用者：

```
$ kubectl apply -f securedpod.yaml
pod/secpod created

$ kubectl exec secpod -- ps aux
USER       PID %CPU %MEM    VSZ   RSS TTY      STAT START   TIME COMMAND
5000         1  0.0  0.0   2204   784 ?        Ss   15:56   0:00 sleep 10000
5000        13  0.0  0.0   6408  1652 ?        Rs   15:56   0:00 ps aux
```

一如預期，它是以 ID 為 5000 的使用者運行的。注意，你也可以在 pod 等級而不是在特定容器上使用 securityContext 欄位。

討論

要在 pod 等級上強制執行政策，有一種更強大的方法是使用 pod security admission，請參見 Kubernetes 文件中的「Pod Security Admission」（*https://oreil.ly/ujeV4*）。

參閱

- Kubernetes 文件中的「Configure a Security Context for a Pod or Container」（*https://oreil.ly/ENH8N*）

## 第十一章

監視與記錄

本章要介紹關於監視和記錄的訣竅，包括基礎架構上的，以及應用層面上的。在 Kubernetes 的背景中，不同的角色通常有不同的作用範圍：

管理員角色

管理員關注的是叢集控制平面，他們包括叢集管理員、網路操作人員，和名稱空間級別的管理員。他們可能自問的問題包括：節點是否健康？需要加入一個工作節點嗎？叢集的使用率如何？使用者是否快到達他們的使用額度了？

開發者角色

開發者主要在應用程式或資料平面中思考和行動，可能有一到十幾個 pod（在微服務的時代）。開發者可能會問：我是否配置了足夠的資源來運行應用程式？我的應用程式應該擴展至多少個副本？我是否訪問了正確的 volume，它們的容量多滿了？我的應用程式是否失敗了，如果是，原因是什麼？

首先，我們的訣竅將利用 Kubernetes 的活躍探測（liveness probe）和就緒探測（readiness probe）來進行叢集內部監控，接下來的訣竅會專門使用 Metrics Server（*https://oreil.ly/agm34*）和 Prometheus（*https://prometheus.io*）來進行監控，最後是與 logging 有關的訣竅。

11.1 讀取容器的 log

問題

你想要讀取在特定 pod 內的容器裡運行的應用程式的 log。

解決方案

使用 kubectl logs 命令。若要瞭解各種選項可查看使用方法：

```
$ kubectl logs --help | more
Print the logs for a container in a pod or specified resource. If the pod has
only one container, the container name is optional.

Examples:
  # Return snapshot logs from pod nginx with only one container
  kubectl logs nginx
...
```

例如，假設有一個被 deployment（參見訣竅 4.1）啟動的 pod，你可以像這樣檢查 log：

```
$ kubectl get pods
NAME                              READY   STATUS    RESTARTS   AGE
nginx-with-pv-7d6877b8cf-mjx5m    1/1     Running   0          140m

$ kubectl logs nginx-with-pv-7d6877b8cf-mjx5m
...
2023/03/31 11:03:24 [notice] 1#1: using the "epoll" event method
2023/03/31 11:03:24 [notice] 1#1: nginx/1.23.4
2023/03/31 11:03:24 [notice] 1#1: built by gcc 10.2.1 20210110 (Debian 10.2.1-6)
2023/03/31 11:03:24 [notice] 1#1: OS: Linux 5.15.49-linuxkit
2023/03/31 11:03:24 [notice] 1#1: getrlimit(RLIMIT_NOFILE): 1048576:1048576
2023/03/31 11:03:24 [notice] 1#1: start worker processes
...
```

 如果 pod 有多個容器，你可以使用 kubectl logs 的 -c 選項來指定容器名稱，以獲得其中的任何一個容器的 log。

討論

Stern（*https://oreil.ly/o4dxI*）是在 Kubernetes 上查看 pod log 的替代方案，它可以讓你輕鬆地從不同的名稱空間中取得 log，並且只要求你在查詢中提供部分 pod 名稱（而不是使用選擇器，這有時比較複雜）。

11.2 使用 liveness probe 從故障狀態中恢復

問題

你想要確保當 pod 內的應用程式進入故障狀態時，Kubernetes 能夠自動重新啟動這些 pod。

解決方案

使用 liveness probe（活躍探測）。如果探測失敗，kubelet 會自動重新啟動 pod。probe 是 pod 規範的一部分，並且被加入 containers 部分。在 pod 內的每一個容器都可以有一個 liveness probe。

probe 可以是三種不同類型之一，它可以是在容器內執行的命令、向容器內的 HTTP 伺服器提供的特定路由發出的 HTTP 或 gRPC 請求，或比較通用的 TCP probe。

下面的範例展示一個基本的 HTTP probe：

```
apiVersion: v1
kind: Pod
metadata:
  name: liveness-nginx
spec:
  containers:
  - name: nginx
    image: nginx:1.25.2
    livenessProbe:
      httpGet:
        path: /
        port: 80
```

完整的範例請參見訣竅 11.5。

- Kubernetes container probes 文件（*https://oreil.ly/nrqEP*）

11.3 使用 readiness probe 來控制進入 pod 的流量

問題

根據 liveness probe（參見訣竅 11.2），你的 pod 已正常運行，但你想在應用程式可以處理請求時，才向它們發送流量。

解決方案

將 readiness probe（*https://oreil.ly/oU3wa*）加入 pod 規格。以下是使用 nginx 容器映像來運行單個 pod 的簡單範例。readiness probe 對連接埠 80 發送 HTTP 請求：

```
apiVersion: v1
kind: Pod
metadata:
  name: readiness-nginx
spec:
  containers:
  - name: readiness
    image: nginx:1.25.2
    readinessProbe:
      httpGet:
        path: /
        port: 80
```

討論

雖然這個訣竅展示的 readiness probe 與訣竅 11.2 中的 liveness probe 相同，但它們通常不一樣，因為這兩種 probe 的目的是為了提供應用程式的不同層面的資訊。liveness probe 是為了檢查應用程式程序是否活躍，但活躍的應用程式可能還無法接受請求。readiness probe 則檢查應用程式是否適當地處理請求，因此，透過 readiness probe 的 pod 才會成為服務的一部分（參見訣竅 5.1）。

參閱

- Kubernetes container probes 文件（*https://oreil.ly/nrqEP*）

11.4 使用 start-up probe 來保護啟動速度緩慢的容器

問題

你的 pod 有一個容器在第一次初始化時需要額外的啟動時間，但你不想使用 liveness probe（參見訣竅 11.2），因為這種探測只需在 pod 第一次啟動時執行。

解決方案

在你的 pod 規格中加入一個 start-up probe，並將 failureThreshold 和 periodSeconds 設得夠高，以覆蓋 pod 的啟動時間。與 liveness probe 類似的是，start-up probe 可以是三種類型之一。以下是使用 nginx 容器映像來運行單個 pod 的簡單範例。start-up probe 對連接埠 80 發送 HTTP 請求：

```
apiVersion: v1
kind: Pod
metadata:
  name: startup-nginx
spec:
  containers:
  - name: startup
    image: nginx:1.25.2
    startupProbe:
      httpGet:
        path: /
        port: 80
      failureThreshold: 30
      periodSeconds: 10
```

討論

有時你要處理的應用程式有較長的啟動時間，例如，應用程式可能要執行一些資料庫遷移，需要很久才能完成，在這種情況下，你在設定 liveness probe 時，可能被迫對於這種 probe「快速回應鎖死（deadlock）」的初衷做出一些讓步。為了解決這個問題，除了

liveness probe 之外，你也可以使用相同的命令、HTTP 檢查或 TCP 檢查來設置 start-up probe，但將 `failureThreshold` * `periodSeconds` 設得夠長，以涵蓋最長的啟動時間。

如果你配置了 start-up probe，那麼 liveness 與 readiness probe 在它成功之前不會啟動，可以確保這些探測不會干擾應用程式的啟動。這種技術可以用來針對啟動速度緩慢的容器進行 liveness 檢查，避免它們在啟動之前被 kubelet 終止運行。

參閱

- Kubernetes container probes 文件（*https://oreil.ly/nrqEP*）
- Kubernetes 文件中的「Configure Liveness, Readiness and Startup Probes」（*https://oreil.ly/CoMlg*）

11.5 將 liveness 與 readiness probe 加入你的部署

問題

你想要自動檢查應用程式是否健康，並在情況不對時，讓 Kubernetes 採取行動。

解決方案

為了讓 Kubernetes 知道應用程式的狀態，你可以按照下面的說明加入 liveness 與 readiness probe。

首先，建立一個 deployment manifest *webserver.yaml*：

```
apiVersion: apps/v1
kind: Deployment
metadata:
  name: webserver
spec:
  replicas: 1
  selector:
    matchLabels:
      app: nginx
  template:
    metadata:
      labels:
```

```
        app: nginx
    spec:
      containers:
      - name: nginx
        image: nginx:1.25.2
        ports:
        - containerPort: 80
```

liveness 與 readiness probe 是在 pod 規格的 `containers` 部分中定義的，請參見介紹範例（訣竅 11.2 和訣竅 11.3），並將以下內容加入到 deployment 的 pod 模板中的容器規格中：

```
...
      livenessProbe:
        httpGet:
          path: /
          port: 80
        initialDelaySeconds: 2
        periodSeconds: 10
      readinessProbe:
        httpGet:
          path: /
          port: 80
        initialDelaySeconds: 2
        periodSeconds: 10
...
```

現在你可以啟動它並檢查 probe：

```
$ kubectl apply -f webserver.yaml
deployment.apps/webserver created

$ kubectl get pods
NAME                        READY   STATUS    RESTARTS   AGE
webserver-4288715076-dk9c7  1/1     Running   0          2m

$ kubectl describe pod/webserver-4288715076-dk9c7
Name:          webserver-4288715076-dk9c7
Namespace:     default
Priority:      0

...
Status:        Running
IP:            10.32.0.2
...
Containers:
  nginx:
```

```
      ...
      Ready:           True
      Restart Count:   0
      Liveness:        http-get http://:80/ delay=2s timeout=1s period=10s #succe...
      Readiness:       http-get http://:80/ delay=2s timeout=1s period=10s #succe...
      ...
   ...
```

請注意，我們編譯了 kubectl describe 命令的輸出，只留下重要的部分，此外還有許多資訊，但它們與我們的問題無關。

討論

為了確認 pod 裡的容器是否健康，以及是否可以提供流量服務，Kubernetes 提供一系列的健康檢查機制。在 Kubernetes 中，健康檢查，或稱為 probe，是在容器等級上定義的，而不是在 pod 等級上，並由兩個不同的組件執行：

- 在工作節點上的 kubelet 使用規格中的 livenessProbe 指示來決定何時該重新啟動容器。這些 liveness probe 可以幫助克服啟動問題或鎖死。

- 另一個組件是平衡一組 pod 的負載的服務，它使用 readinessProbe 指令來判斷 pod 是否可以開始接收流量，若否，它會將 pod 從服務的端點池中排除。注意，pod 的所有容器都準備就緒時，它才被視為就緒。

何時該使用哪一種 probe ？這實際上取決於容器的行為。如果你的容器在 probe 失敗時可以被移除且應該被移除，那就使用 liveness probe，並將 restartPolicy 設為 Always 或 OnFailure。如果你只想在 pod 就緒時才將流量傳給它，那就使用 readiness probe。注意，在最後一種情況下，你可以配置 readiness probe 來使用與 liveness probe 一樣的探測宣告端點（例如 URL）。

start-up probe 的用途是確定 pod 裡的應用程式是否正常運行。它們可以用來延遲 liveness 和 readiness probe 的初始化，如果應用程式尚未正確地啟動，這些 probe 可能會失敗。

參閱

- Kubernetes 文件中的「Configure Liveness, Readiness and Startup Probes」（*https://oreil. ly/CoMlg*）

- Kubernetes pod 生命週期文件（*https://oreil.ly/vEOdP*）

- Kubernetes init 容器文件（*https://oreil.ly/NWpRM*）（於 v1.6 以上穩定）

11.6 透過 CLI 取得 Kubernetes 統計數據

問題

你安裝了 Kubernetes Metrics Server（參見訣竅 2.7），希望使用 Kubernetes CLI 來取得統計數據。

解決方案

Kubernetes CLI 的 top 命令可以顯示節點和 pod 的資源使用情況：

```
$ kubectl top node
NAME       CPU(cores)   CPU%   MEMORY(bytes)   MEMORY%
minikube   338m         8%     1410Mi          17%


$ kubectl top pods --all-namespaces
NAMESPACE     NAME                             CPU(cores)   MEMORY(bytes)
default       db                               15m          440Mi
default       liveness-nginx                   1m           5Mi
default       nginx-with-pv-7d6877b8cf-mjx5m   0m           3Mi
default       readiness-nginx                  1m           3Mi
default       webserver-f4f7cb455-rhxwt        1m           4Mi
kube-system   coredns-787d4945fb-jrp8j         4m           12Mi
kube-system   etcd-minikube                    48m          52Mi
kube-system   kube-apiserver-minikube          78m          266Mi
...
```

你也可以在圖形使用者介面（即 Kubernetes 儀表板）中查看這些統計數據（參見訣竅 2.5）。

> 有時在啟動 Metrics Server 之後，需要等幾分鐘才能夠使用它。如果它尚未處於就緒狀態，top 命令可能發生錯誤。

11.7 在 Minikube 上使用 Prometheus 和 Grafana

問題

你想要在一個中央位置查看和查詢叢集的系統和應用統計數據。

解決方案

在 Minikube 部署 Prometheus 和 Grafana。我們將利用 kube-prometheus 專案（*https://oreil.ly/3oyNd*），它是一個獨立的專案，可幫助你在任何 Kubernetes 叢集上安裝 Prometheus 和 Grafana。

執行以下命令以啟動一個新的 Minikube 實例，它已經被正確地配置為運行 kube-prometheus：

```
$ minikube delete && minikube start --kubernetes-version=v1.27.0 \
    --memory=6g --bootstrapper=kubeadm \
    --extra-config=kubelet.authentication-token-webhook=true \
    --extra-config=kubelet.authorization-mode=Webhook \
    --extra-config=scheduler.bind-address=0.0.0.0 \
    --extra-config=controller-manager.bind-address=0.0.0.0
```

確保在 Minikube 上，metrics-server 附加元件已被停用：

```
$ minikube addons disable metrics-server
```

複製 kube-prometheus 專案：

```
$ git clone https://github.com/prometheus-operator/kube-prometheus.git
```

切換到複製的版本庫，然後執行以下命令，它會建立一個名為 monitoring 的專用名稱空間，並建立必要的自訂資源定義：

```
$ kubectl apply --server-side -f manifests/setup
$ kubectl wait \
    --for condition=Established \
    --all CustomResourceDefinition \
    --namespace=monitoring
$ kubectl apply -f manifests/
```

你可以像下面一樣使用 port forward 來打開 Prometheus 儀表板，或使用訣竅 5.5 定義的 ingress：

```
$ kubectl --namespace monitoring port-forward svc/prometheus-k8s 9090
```

然後在瀏覽器中的 *localhost:9090* 打開 Prometheus。

並且用類似的方式訪問 Grafana 儀表板：

```
$ kubectl --namespace monitoring port-forward svc/grafana 3000
```

然後在瀏覽器中的 *localhost:3000* 打開 Grafana 儀表板。

使用預設的憑證來登入：使用者名稱為 admin，密碼為 admin。如果你在本地 Minikube 實例上運行此訣竅，你可以跳過更改密碼的步驟。

Kubernetes API 伺服器有一個內建的儀表板。找到它的方法是打開 URL *http:// localhost:3000/dashboards*，或使用左側選單前往 Dashboards，找到名為「Kubernetes / API server」的儀表板，打開它，你應該會看到類似於圖 11-1 的頁面。

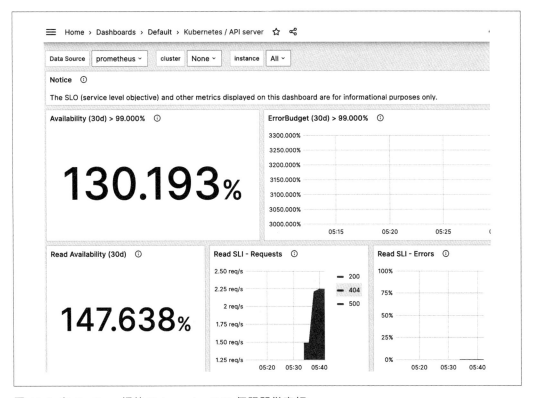

圖 11-1 在 Grafana 裡的 Kubernetes/API 伺服器儀表板

討論

這個訣竅提供一種很好的方法來使用 Grafana 和 Prometheus 進行實驗，並展示如何使用內建的示範儀表板來快速地啟動和運行。當你開始部署自訂的工作負載和應用程式時，你可以建立自訂的查詢和儀表板，以提供工作負載專屬的統計數據。你可以在 Prometheus 查詢參考文件 *https://oreil.ly/23dQ9*）中進一步瞭解 Prometheus，以及在 Grafana 文件（*https://oreil.ly/nf6jI*）中進一步瞭解 Grafana 儀表板的詳情。

參閱

- GitHub 上的 kube-prometheus（*https://oreil.ly/3oyNd*）

- GitHub 上的 Prometheus Operator（*https://oreil.ly/q6pdv*）

- Prometheus Operator（*https://prometheus-operator.dev*）

- Prometheus（*https://prometheus.io*）

- Grafana（*https://grafana.com*）

## 第十二章

維護與問題排除

本章提供進行應用程式等級和叢集等級的維護訣竅。我們將介紹問題排除的各個層面，從偵測 pod 和容器的錯誤，到測試服務連接情況、解讀資源狀態，以及維護節點，最後會看看如何處理 etcd，即 Kubernetes 控制平面儲存組件。本章與叢集管理員和應用程式開發者都有關係。

12.1 啟用 kubectl 的自動完成

問題

在 kubectl CLI 中輸入完整的指令和參數很麻煩，你希望它有自動完成功能。

解決方案

啟用 kubectl 的自動完成功能。

你可以在 bash shell 使用下面的命令，在當下的 shell 中啟用 kubectl 的自動完成：

```
$ source <(kubectl completion bash)
```

將它加入你的 ~/.bashrc 檔案中，讓自動完成功能在所有的 shell 對話中載入：

```
$ echo 'source <(kubectl completion bash)' >>~/.bashrc
```

注意，要使用 bash 的自動完成，你必須安裝 bash-completion（*https://oreil.ly/AdlLN*）。

在 zsh shell，你可以使用下面的指令來啟用 kubectl 自動完成功能：

```
$ source <(kubectl completion zsh)
```

你也可以將這個命令加入 ~/.zshrc 檔案中，讓所有的 shell 對話都會載入自動完成功能。

為了讓自動完成功能在 zsh 中正常運作，你要將以下命令放在 ~/.zshrc 檔案的開頭：

```
autoload -Uz compinit
compinit
```

關於其他作業系統和 shell 的做法，可參見文件（*https://oreil.ly/G3das*）。

討論

提升 kubectl 開發者體驗的另一種常見方法是將 kubectl 定義成縮寫 k。你可以執行以下命令或將它們加入你的 shell 啟動命令稿來做這件事：

```
alias k=kubectl
complete -o default -F __start_kubectl k
```

接下來只要輸入 k apply -f myobject.yaml 之類的命令即可。這項功能可以搭配自動完成功能使用，讓你的工作更輕鬆。

參閱

- kubectl 概要（*https://oreil.ly/mu6PZ*）
- kubectl 小抄（*https://oreil.ly/Yrk3C*）

12.2 將服務裡的 pod 移除

問題

你有一個服務（參見訣竅 5.1）由多個 pod 支援，但其中一個 pod 出問題了（例如，崩潰或無法回應），你想將它從端點清單移除，以便進行後續的檢查。

解決方案

使用 --overwrite 選項來重新標記 pod，這可以讓你改變 pod 的 run 標記的值。覆寫這個標記可以確保它不會被服務選擇器（見訣竅 5.1）選中並移出端點清單，同時，你可以在 pod 的複本集合看到有一個 pod 已經消失，並且啟動一個新的複本。

為了觀察這個解決方案的實際效果，我們先使用 kubectl run 來生成一個簡單的deployment（參見訣竅 4.5）：

```
$ kubectl create deployment nginx --image nginx:1.25.2 --replicas 4
```

當你列出 pod，並顯示具有 app 鍵的標記時，你會看到四個值為 nginx 的 pod（app=nginx是 kubectl create deployment 命令自動產生的標記）：

```
$ kubectl get pods -Lapp
NAME                       READY   STATUS    RESTARTS   AGE    APP
nginx-748c667d99-85zxr     1/1     Running   0          14m    nginx
nginx-748c667d99-jrhpc     1/1     Running   0          14m    nginx
nginx-748c667d99-rddww     1/1     Running   0          14m    nginx
nginx-748c667d99-x6h6h     1/1     Running   0          14m    nginx
```

然後你可以使用服務來公開這個 deployment，並檢查端點，它們對應各個 pod 的 IP 地址：

```
$ kubectl expose deployments nginx --port 80

$ kubectl get endpoints
NAME          ENDPOINTS                                                      AGE
kubernetes    192.168.49.2:8443                                             3h36m
nginx         10.244.0.10:80,10.244.0.11:80,10.244.0.13:80 + 1 more...      13m
```

假設在清單裡的第一個 pod 有問題，即使它的狀態是 *Running*。

用一個命令來進行重新標記，將第一個 pod 移出服務池：

```
$ kubectl label pod nginx-748c667d99-85zxr app=notworking --overwrite
```

 若要找出某個 pod 的 IP 地址，你可以使用一個 Go 模板來格式化 pod 資訊，並且只顯示它的 IP 地址：

```
$ kubectl get pod nginx-748c667d99-jrhpc \
    --template '{{.status.podIP}}'
10.244.0.11
```

你會看到一個新的 pod，它的標記是 app=nginx，故障的 pod 仍然存在，但不在服務端點清單裡了：

```
$ kubectl get pods -Lapp
NAME                        READY   STATUS    RESTARTS   AGE     APP
nginx-748c667d99-85zxr      1/1     Running   0          14m     notworking
nginx-748c667d99-jrhpc      1/1     Running   0          14m     nginx
nginx-748c667d99-rddww      1/1     Running   0          14m     nginx
nginx-748c667d99-x6h6h      1/1     Running   0          14m     nginx
nginx-748c667d99-xfgqp      1/1     Running   0          2m17s   nginx

$ kubectl describe endpoints nginx
Name:          nginx
Namespace:     default
Labels:        app=nginx
Annotations:   endpoints.kubernetes.io/last-change-trigger-time: 2023-04-13T13...
Subsets:
  Addresses:           10.244.0.10,10.244.0.11,10.244.0.13,10.244.0.9
  NotReadyAddresses:   <none>
  Ports:
    Name      Port  Protocol
    ----      ----  --------
    <unset>   80    TCP

Events:   <none>
```

12.3 在叢集外訪問 ClusterIP 服務

問題

有一個內部服務讓你很困擾，你想在本地測試它是否正常運作，但不想公開給外界。

解決方案

執行 kubectl proxy 來使用 Kubernetes API 伺服器的本地代理。

假設你已經按照訣竅 12.2 建立一個 deployment 和一個服務。當你列出服務時，你應該會看到一個 nginx 服務：

```
$ kubectl get svc
NAME      TYPE        CLUSTER-IP      EXTERNAL-IP   PORT(S)   AGE
nginx     ClusterIP   10.108.44.174   <none>        80/TCP    37m
```

這個服務無法在 Kubernetes 叢集外面訪問。但是，你可以在另一個終端機裡運行代理，然後在 *localhost* 訪問它。

先在另一個終端機運行代理：

```
$ kubectl proxy
Starting to serve on 127.0.0.1:8001
```

你可以使用 --port 選項來設定要讓代理在哪個連接埠上運行。

在原始的終端機中，你可以使用瀏覽器或 curl 來訪問服務公開的應用程式：

```
$ curl http://localhost:8001/api/v1/namespaces/default/services/nginx/proxy/
<!DOCTYPE html>
<html>
<head>
<title>Welcome to nginx!</title>
...
```

注意服務的具體路徑；它包含 /proxy 部分。如果沒有這個部分，你會得到代表服務的 JSON 物件。

現在你也可以使用 curl 在 *localhost* 訪問整個 Kubernetes API。

討論

這個訣竅的方法適用於偵錯，但不應該用來對生產環境中的服務進行常規訪問。在生產環境中，應使用安全的訣竅 5.5。

12.4 瞭解與解析資源狀態

問題

你想要監視一個物件，例如 pod，並對物件狀態的變化做出反應。有時這些狀態的變化會觸發 CI/CD 流水線裡的事件。

解決方案

使用 kubectl get $KIND/$NAME -o json，並使用下面介紹的兩種方法之一來解析 JSON 輸出。

如果你有安裝 JSON 查詢工具 jq（*https://oreil.ly/qopuJ*），你可以使用它來解析資源狀態。假設你有一個名為 jump 的 pod。你可以這樣找出該 pod 在哪個 Quality of Service（QoS）類別（*https://oreil.ly/3CcxH*）內：

```
$ kubectl run jump --image=nginx
pod/jump created

$ kubectl get po/jump -o json | jq --raw-output .status.qosClass
BestEffort
```

注意，jq 的 --raw-output 參數會顯示原始值，.status.qosClass 是匹配相應子欄位的表達式。

另一個狀態查詢或許和事件或狀態轉移有關。例如：

```
$ kubectl get po/jump -o json | jq .status.conditions
[
  {
    "lastProbeTime": null,
    "lastTransitionTime": "2023-04-13T14:00:13Z",
    "status": "True",
    "type": "Initialized"
  },
  {
    "lastProbeTime": null,
    "lastTransitionTime": "2023-04-13T14:00:18Z",
    "status": "True",
    "type": "Ready"
  },
  {
    "lastProbeTime": null,
    "lastTransitionTime": "2023-04-13T14:00:18Z",
    "status": "True",
    "type": "ContainersReady"
  },
  {
    "lastProbeTime": null,
    "lastTransitionTime": "2023-04-13T14:00:13Z",
    "status": "True",
```

```
      "type": "PodScheduled"
    }
  ]
```

當然，這些查詢不限於 pod，你可以將這項技術應用至任何資源。例如，你可以查詢
deployment 的改版：

```
$ kubectl create deployment wordpress --image wordpress:6.3.1
deployment.apps/wordpress created

$ kubectl get deploy/wordpress -o json | jq .metadata.annotations
{
  "deployment.kubernetes.io/revision": "1"
}
```

或列出組成服務的所有端點：

```
$ kubectl get ep/nginx -o json | jq '.subsets'
[
  {
    "addresses": [
      {
        "ip": "10.244.0.10",
        "nodeName": "minikube",
        "targetRef": {
          "kind": "Pod",
          "name": "nginx-748c667d99-x6h6h",
          "namespace": "default",
          "uid": "a0f3118f-32f5-4a65-8094-8e43979f7cec"
        }
      },
      ...
    ],
    "ports": [
      {
        "port": 80,
        "protocol": "TCP"
      }
    ]
  }
]
```

看了 jq 的作用之後，我們來看一種不需要外部工具的方法，它使用 Go 模板的內建功能。

Go 程式語言在名為 text/template 的套件中定義模板，它可以用於任何類型的文本或資料轉換，且 kubectl 內建了對它的支援。例如，若要列出當下名稱空間使用的所有容器映像，可執行：

```
$ kubectl get pods -o go-template \
    --template="{{range .items}}{{range .spec.containers}}{{.image}} \
        {{end}}{{end}}"
fluent/fluentd:v1.16-1   nginx
```

討論

你也可以考慮使用 JSONPath 來解析 kubectl 產成的 JSON，它提供更易讀且更容易理解的文法。你可以在 Kubernetes 文件中找到一些範例（*https://oreil.ly/muOnq*）。

參閱

- jq 手冊（*https://oreil.ly/Z7rul*）
- jqplay（*https://jqplay.org*），在不安裝 jq 的情況下嘗試查詢
- Go template 套件（*https://oreil.ly/qfQAO*）

12.5 對 pod 進行偵錯

問題

你有一個 pod，它若不是無法一如預期地進入或保持運行狀態（running state），就是在一段時間後徹底失敗。

解決方案

有系統地使用 OODA 循環（*https://oreil.ly/alw1o*）來找出問題的原因，並加以修復：

1. 觀察（*Observe*）。你在容器 log 裡看到什麼？發生了哪些事件？網路連接狀況如何？

2. 定位（*Orient*）。擬定一組可能的假設 —— 盡量保持開放的態度，不要草率地下結論。

3. 決定（*Decide*）。選擇一個假設。

4. 行動（*Act*）。測試假設，如果它是正確的，工作完成。否則回到第 1 步，繼續工作。

我們來看一個具體的例子，裡面有一個 pod 失敗了。我們建立一個名為 *unhappy-pod.yaml* 的 manifest，其內容如下：

```
apiVersion: apps/v1
kind: Deployment
metadata:
  name: unhappy
spec:
  replicas: 1
  selector:
    matchLabels:
      app: nevermind
  template:
    metadata:
      labels:
        app: nevermind
    spec:
      containers:
      - name: shell
        image: busybox:1.36
        command:
        - "sh"
        - "-c"
        - "echo I will just print something here and then exit"
```

現在啟動該 deployment 並查看它建立的 pod 時，你會發現它不開心：

```
$ kubectl apply -f unhappy-pod.yaml
deployment.apps/unhappy created

$ kubectl get pod -l app=nevermind
NAME                       READY   STATUS             RESTARTS      AGE
unhappy-576954b454-xtb2g   0/1     CrashLoopBackOff   2 (21s ago)   42s

$ kubectl describe pod -l app=nevermind
Name:             unhappy-576954b454-xtb2g
Namespace:        default
Priority:         0
Service Account:  default
Node:             minikube/192.168.49.2
Start Time:       Thu, 13 Apr 2023 22:31:28 +0200
Labels:           app=nevermind
```

```
                      pod-template-hash=576954b454
Annotations:         <none>
Status:              Running
IP:                  10.244.0.16
IPs:
  IP:                10.244.0.16
Controlled By:  ReplicaSet/unhappy-576954b454
...
Conditions:
  Type               Status
  Initialized        True
  Ready              False
  ContainersReady    False
  PodScheduled       True
Volumes:
  kube-api-access-bff5c:
    Type:                    Projected (a volume that contains injected data...)
    TokenExpirationSeconds:  3607
    ConfigMapName:           kube-root-ca.crt
    ConfigMapOptional:       <nil>
    DownwardAPI:             true
QoS Class:                   BestEffort
Node-Selectors:              <none>
Tolerations:                 node.kubernetes.io/not-ready:NoExecute op=Exist...
                             node.kubernetes.io/unreachable:NoExecute op=Exist...
Events:
  Type      Reason      ...    Message
  ----      ------      ---    -------
  Normal    Scheduled   ...    Successfully assigned default/unhappy-576954b454-x...
  Normal    Pulled      ...    Successfully pulled image "busybox" in 2.945704376...
  Normal    Pulled      ...    Successfully pulled image "busybox" in 1.075044917...
  Normal    Pulled      ...    Successfully pulled image "busybox" in 1.119703875...
  Normal    Pulling     ...    Pulling image "busybox"
  Normal    Created     ...    Created container shell
  Normal    Started     ...    Started container shell
  Normal    Pulled      ...    Successfully pulled image "busybox" in 1.055005126...
  Warning   BackOff     ...    Back-off restarting failed container shell in pod...
```

正如你在說明最下面的 Events 部分看到的，Kubernetes 認為這個 pod 無法提供流量服務，因為「Back-off restarting failed....」。

另一種觀察的方法是使用 Kubernetes 儀表板查看 deployment（圖 12-1），以及受監督的複本集合及 pod（圖 12-2）。在 Minikube 中，你可以藉著執行命令 minikube dashboard 來輕鬆地打開儀表板。

Deployments

Name	Images	Labels	Pods
● unhappy	busybox	-	1 / 1
Back-off restarting failed container shell in pod unhappy-576954b454-xtb2g_default(0424931c-ed29-4be3-b24a-e37f51fc4723)			
● wordpress	wordpress	app: wordpress	1 / 1
● nginx	nginx	app: nginx	4 / 4
● es	docker.elastic.co/elasticsearch/elasticsearch:8.7.0	-	1 / 1
● kibana	docker.elastic.co/kibana/kibana:8.7.0	-	1 / 1

圖 12-1 處於錯誤狀態的 deployment

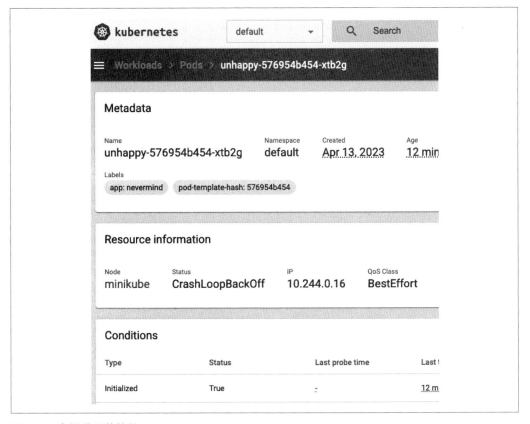

圖 12-2 處於錯誤狀態的 pod

討論

問題可能有各種不同的原因，可能是 pod 失敗，還是節點有奇怪的行為。在懷疑軟體有 bug 之前，請先檢查以下的事項：

- manifest 是否正確？瞭解 Kubeconform 之類的工具（*https://oreil.ly/q_e39*）。
- 你能否在 Kubernetes 之外的本地端運行容器？
- Kubernetes 能否訪問容器 registry 並實際拉取容器映像？
- 節點能否互相通訊？
- 節點能否連接至控制平面？
- 在叢集中能否使用 DNS？
- 在節點上有沒有足夠的資源可用，例如 CPU、記憶體和磁碟空間？
- 你是否限制了容器或名稱空間可以使用的資源？
- 在物件說明裡的事件說了什麼？

參閱

- Kubernetes 文件裡的「Debug Pods」（*https://oreil.ly/nuThZ*）
- Kubernetes 文件裡的「Debug Running Pods」（*https://oreil.ly/61xce*）
- Kubernetes 文件裡的「Debug Services」（*https://oreil.ly/XrF29*）
- Kubernetes 文件裡的「Troubleshooting Clusters」（*https://oreil.ly/LD9oN*）

12.6 影響 pod 的啟動行為

問題

pod 必須依賴一些其他服務才能正常運作，你想要影響 pod 的啟動行為，讓它在它依賴的 pod 可用時才啟動。

解決方案

使用 init 容器（*https://oreil.ly/NWpRM*）來影響 pod 的啟動行為。

假設你想要啟動一個 NGINX web 伺服器，它依賴一個後端服務來提供內容，因此，你想要確保 NGINX pod 在後端服務啟動並運行時才啟動。

首先，建立 web 伺服器依賴的後端服務：

```
$ kubectl create deployment backend --image=gcr.io/google-samples/hello-app:2.0
deployment.apps/backend created
$ kubectl expose deployment backend --port=80 --target-port=8080
```

然後使用下面的 manifest *nginx-init-container.yaml* 來啟動 NGINX 實例，並確保它在 backend deployment 準備好接受連結時才啟動：

```
kind: Deployment
apiVersion: apps/v1
metadata:
  name: nginx
spec:
  replicas: 1
  selector:
    matchLabels:
      app: nginx
  template:
    metadata:
      labels:
        app: nginx
    spec:
      containers:
      - name: webserver
        image: nginx:1.25.2
        ports:
        - containerPort: 80
      initContainers:
      - name: checkbackend
        image: busybox:1.36
        command: ['sh', '-c', 'until nc -w 5 backend.default.svc.cluster.local
                80; do echo
                "Waiting for backend to accept connections"; sleep 3; done; echo
                "Backend is up, ready to launch web server"']
```

現在你可以啟動 nginx deployment，並藉著查看它所監視的 pod 的 log 來確定 init 容器是否完成了它的工作：

```
$ kubectl apply -f nginx-init-container.yaml
deployment.apps/nginx created

$ kubectl get po
NAME                        READY   STATUS    RESTARTS   AGE
backend-8485c64ccb-99jdh    1/1     Running   0          4m33s
nginx-779d9fcdf6-2ntpn      1/1     Running   0          32s

$ kubectl logs nginx-779d9fcdf6-2ntpn -c checkbackend
Server:    10.96.0.10
Address:   10.96.0.10:53


Name: backend.default.svc.cluster.local
Address: 10.101.119.67

Backend is up, ready to launch web server
```

如你所見，在 init 容器裡的命令確實按計劃執行工作了。

討論

init 容器很適合用來防止應用程式在等待服務時崩潰地循環（crash looping）。例如，如果你在部署一個需要連接到資料庫伺服器的應用程式，你可以配置一個 init 容器來檢查並等待資料庫伺服器就緒，再讓應用程式試著與它連接。

但切記，Kubernetes 可以隨時終止 pod，即使在它成功啟動後。因此，同樣重要的是，你也要讓應用程式具備足夠的韌性，讓它在它依賴的其他服務故障時能夠採取必要措施。

12.7 取得叢集狀態的詳細快照

問題

你想要獲得叢集整體狀態的詳細快照，以進行定位、審核，或故障排除。

解決方案

使用 kubectl cluster-info dump 命令。例如在子目錄 *cluster-state-2023-04-13* 中建立叢集狀態的 dump：

```
$ mkdir cluster-state-2023-04-13

$ kubectl cluster-info dump --all-namespaces \
    --output-directory=cluster-state-2023-04-13
Cluster info dumped to cluster-state-2023-04-13

$ tree ./cluster-state-2023-04-13
./cluster-state-2023-04-13
├── default
│   ├── daemonsets.json
│   ├── deployments.json
│   ├── es-598664765b-tpw59
│   │   └── logs.txt
│   ├── events.json
│   ├── fluentd-vw7d9
│   │   └── logs.txt
│   ├── jump
│   │   └── logs.txt
│   ├── kibana-5847789b45-bm6tn
│   │   └── logs.txt
    ...
├── ingress-nginx
│   ├── daemonsets.json
│   ├── deployments.json
│   ├── events.json
│   ├── ingress-nginx-admission-create-7qdjp
│   │   └── logs.txt
│   ├── ingress-nginx-admission-patch-cv6c6
│   │   └── logs.txt
│   ├── ingress-nginx-controller-77669ff58-rqdlq
│   │   └── logs.txt
│   ├── pods.json
│   ├── replicasets.json
│   ├── replication-controllers.json
│   └── services.json
├── kube-node-lease
│   ├── daemonsets.json
│   ├── deployments.json
│   ├── events.json
│   ├── pods.json
│   ├── replicasets.json
│   ├── replication-controllers.json
```

```
│       └──── services.json
├──── kube-public
│    ├──── daemonsets.json
│    ├──── deployments.json
│    ├──── events.json
│    ├──── pods.json
│    ├──── replicasets.json
│    ├──── replication-controllers.json
│    └──── services.json
├──── kube-system
│    ├──── coredns-787d4945fb-9k8pn
│    │    └──── logs.txt
│    ├──── daemonsets.json
│    ├──── deployments.json
│    ├──── etcd-minikube
│    │    └──── logs.txt
│    ├──── events.json
│    ├──── kube-apiserver-minikube
│    │    └──── logs.txt
│    ├──── kube-controller-manager-minikube
│    │    └──── logs.txt
│    ├──── kube-proxy-x6zdw
│    │    └──── logs.txt
│    ├──── kube-scheduler-minikube
│    │    └──── logs.txt
│    ├──── pods.json
│    ├──── replicasets.json
│    ├──── replication-controllers.json
│    ├──── services.json
│    └──── storage-provisioner
│         └──── logs.txt
├──── kubernetes-dashboard
│    ├──── daemonsets.json
│    ├──── dashboard-metrics-scraper-5c6664855-sztn5
│    │    └──── logs.txt
│    ├──── deployments.json
│    ├──── events.json
│    ├──── kubernetes-dashboard-55c4cbbc7c-ntjwk
│    │    └──── logs.txt
│    ├──── pods.json
│    ├──── replicasets.json
│    ├──── replication-controllers.json
│    └──── services.json
└──── nodes.json

30 directories, 66 files
```

12.8 加入 Kubernetes 工作節點

問題

你要將一個工作節點加入 Kubernetes 叢集中，例如，為了增加叢集的容量。

解決方案

視你的環境需求提供一台新機器（例如，在裸機環境中，你可能需要在機架上安裝一台實體的新伺服器，在公共雲端環境中，你要建立一個新的 VM…等），然後安裝三個組成 Kubernetes 工作節點的組件作為 daemon：

kubelet

> 這是所有的 pod 的節點管理者和監督者，無論它們是由 API 伺服器控制的，還是在本地運行的，例如靜態 pod。請注意，kubelet 是決定哪些 pod 可以或不可以在特定節點上運行的最終決定者，它負責以下事項：
>
> - 向 API 伺服器報告節點和 pod 狀態
>
> - 定期執行 liveness probe
>
> - 掛載 pod volume 並下載 secret
>
> - 控制容器 runtime（見下文）

容器 *runtime*

> 負責下載容器映像並運行容器。Kubernetes 規定使用符合 Container Runtime Interface（CRI）（*https://oreil.ly/6hmkR*）的 runtime，例如 cri-o（*http://cri-o.io*）、Docker Engine（*https://docs.docker.com/engine*）或 containerd（*https://containerd.io*）。

kube-proxy

> 這個程序負責動態配置節點上的 iptables 規則，以啟用 Kubernetes 服務抽象（將 VIP 重新指向端點，即一個或多個代表服務的 pod）。

組件的實際版本與你的環境和安裝方法（雲端、kubeadm 等）密切相關。關於可用的選項，可參見 kubelet 參考資料（*https://oreil.ly/8XBRS*）和 kube-proxy 參考資料（*https://oreil.ly/mED8e*）。

討論

工作節點與其他的 Kubernetes 資源（例如 deployment 或服務）不同，它們不是 Kubernetes 控制平面直接建立的，只是被 Kubernetes 控制平面管理。這意味著當 Kubernetes 建立一個節點時，它實際上只建立一個代表工作節點的物件。它藉著根據節點的 `metadata.name` 欄位進行健康檢查以驗證節點，如果節點有效（即所有必要的組件都在運行），它會被視為叢集的一部分，否則，在節點變成有效之前，任何叢集活動都會忽略它。

參閱

- Kubernetes 叢集架構概念中的「Nodes」（*https://oreil.ly/MQ4ZV*）
- Kubernetes 文件中的「Communication Between Nodes and the Control Plane」（*https://oreil.ly/ePukq*）
- Kubernetes 文件中的「Create Static Pods」（*https://oreil.ly/_OKBq*）

12.9 drain Kubernetes 節點，以進行維護

問題

你需要對一個節點進行維護，例如套用安全補丁或升級作業系統。

解決方案

使用 `kubectl drain` 命令。例如，使用 `kubectl get nodes` 來列出節點，然後對節點 123-worker 進行維護，執行：

```
$ kubectl drain 123-worker
```

你可以使用 `kubectl uncordon 123-worker` 來讓節點重新投入服務，它會讓節點再次可供調度。

討論

kubectl drain 命令先將指定的節點標記為不可調度，以防止新的 pod 到達（本質上是 kubectl cordon）。然後，如果 API 伺服器支援 eviction（逐出，*https://oreil.ly/xXLII*），該命令會逐出 pod，否則，它將使用 kubectl delete 來刪除 pod。Kubernetes 文件用一個簡明的步驟圖來說明這些步驟，如圖 12-3 所示。

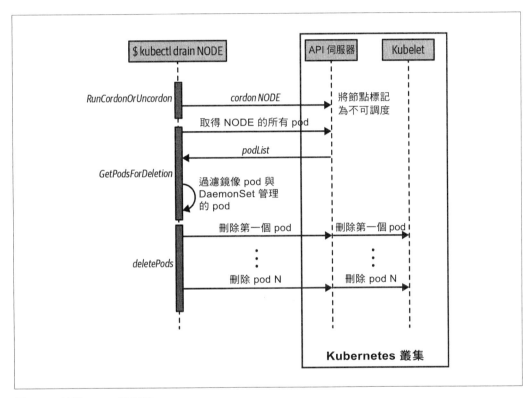

圖 12-3　節點 drain 循序圖

kubectl drain 命令會逐出或刪除除了鏡像 pod（無法透過 API 伺服器刪除）以外的所有 pod。如果 pod 被 DaemonSet 監督，若不使用 --ignore-daemonsets，drain 都不會進行，而且無論如何，它都不會刪除 DaemonSet 管理的任何 pod，DaemonSet 控制器會立即替換這些 pod，忽略不可調度標記。

drain 會優雅地等待終止，因此在 kubectl drain 命令完成之前，你不應該對這個節點進行操作。注意，kubectl drain $NODE --force 也會逐出不受 ReplicationController、ReplicaSet、Job、DaemonSet 或 StatefulSet 管理的 pod。

參閱

- Kubernetes 文件中的「Safely Drain a Node」（*https://oreil.ly/upbMl*）
- kubectl drain 參考文件（*https://oreil.ly/YP6zg*）

## 第十三章

服務 mesh

本章的主題是服務 mesh（網狀網路），它是協助我們在 Kubernetes 上開發分散式、以微服務為基礎的應用程式的基石。諸如 Istio 和 Linkerd 之類的服務 mesh 可以執行監控、服務發現、流量控制和安全等職責。將這些職責託付給 mesh 可讓應用程式開發者專心提供附加價值，而不必重新發明輪子，處理橫向基礎架構問題。

服務 mesh 的主要好處是它們可以透明地對服務應用政策，且服務（用戶端和伺服器）不需要知道它們是服務 mesh 的一部分。

在這一章，我們要看一些使用 Istio 和 Linkerd 的基本範例。在每一個服務 mesh，我們將展示如何使用 Minikube 來快速地啟動與運行，並在 mesh 內實作服務之間的通訊，同時使用簡單但具有教育意義的服務 mesh 政策。在這兩個範例中，我們將在 NGINX 之上部署服務，調用服務的用戶端將是一個 curl pod。兩者都會被加入 mesh，且服務之間的互動將由 mesh 管理。

13.1 安裝 Istio 服務 mesh

問題

你的組織正在使用或計畫使用微服務架構，你希望降低開發者的負擔，讓他們不需要建立安全機制、服務發現機制、遙測機制、部署策略，和處理其他非功能性問題。

解決方案

在 Minikube 上安裝 Istio。Istio 是目前最流行的服務 mesh，它可以承接微服務開發者的許多責任，讓運營人員可以集中管理安全和運營。

首先，你要啟動 Minikube，並分配足夠的資源來運行 Istio。確切的資源需求取決於你的平台，你可能需要調整資源分配。只要使用低於 8 GB 的記憶體和 4 顆 CPU 就可以啟動它了：

```
$ minikube start --memory=7851 --cpus=4
```

你可以使用 Minikube tunnel 作為 Istio 的負載平衡器。啟動它的方法是在新的終端機中執行下面的命令（它會鎖定終端機以顯示輸出資訊）：

```
$ minikube tunnel
```

使用下面的命令來下載並提取最新版本的 Istio（Linux 和 macOS）：

```
$ curl -L https://istio.io/downloadIstio | sh -
```

在 Windows，你可以使用 choco 來進行安裝，或是從可下載的 archive 中提取 *.exe*。關於下載 Istio 的更多資訊，請參見 Istio 的入門指南（*https://oreil.ly/5uFlk*）。

切換到 Istio 目錄。你可能要根據你安裝的 Istio 版本來修改目錄名稱：

```
$ cd istio-1.18.0
```

istioctl 命令列工具可以協助偵錯和診斷服務 mesh，你會在其他的訣竅中使用它來檢查你的 Istio 配置。它位於 *bin* 目錄中，所以請將它加到你的路徑中：

```
$ export PATH=$PWD/bin:$PATH
```

現在你可以安裝 Istio 了。下面的 YAML 檔案裡面有一個配置範例。它刻意停止使用 Istio 作為入口和出口閘道，因為我們在此不使用 Istio 作為入口。將這個配置儲存在名為 *istio-demo-config.yaml* 的檔案中：

```yaml
apiVersion: install.istio.io/v1alpha1
kind: IstioOperator
spec:
  profile: demo
  components:
    ingressGateways:
    - name: istio-ingressgateway
      enabled: false
```

```
    egressGateways:
    - name: istio-egressgateway
      enabled: false
```

現在使用 istioctl 來將這個配置應用至 Minikube：

```
$ istioctl install -f istio-demo-config.yaml -y
✔ Istio core installed
✔ Istiod installed
✔ Installation complete
```

最後，確保 Istio 已被配置為自動將 Envoy sidecar 代理注入你部署的服務中。你可以使用下面的命令來為預設的名稱空間啟用它：

```
$ kubectl label namespace default istio-injection=enabled
namespace/default labeled
```

討論

這個指南使用 Kubernetes 和 Istio 等底層專案的預設版本（有時這意味著最新版本）。

你可以自訂這些版本來配合當下生產環境的版本。若要設置你想要使用的 Istio 版本，可在下載 Istio 時使用 ISTIO_VERSION 和 TARGET_ARCH 參數。例如：

```
$ curl -L https://istio.io/downloadIstio | ISTIO_VERSION=1.18.0 \
    TARGET_ARCH=x86_64 sh -
```

參閱

• Istio Getting Started 官方指南（*https://oreil.ly/AKCYs*）

13.2 使用 Istio sidecar 來部署微服務

問題

你想要將新服務部署到服務 mesh 中，這意味著你可能會將一個 sidecar 自動注入到服務的 pod 中。該 sidecar 將攔截服務的所有進出流量，並允許實作路由、安全和監控政策…等，而不需要修改服務本身的實作。

解決方案

我們將使用 NGINX 作為一個簡單的服務來進行操作。首先為 NGINX 建立一個 deployment：

```
$ kubectl create deployment nginx --image nginx:1.25.2
deployment.apps/nginx created
```

然後將它公開為 Kubernetes 服務：

```
$ kubectl expose deploy/nginx --port 80
service/nginx exposed
```

 Istio 不會在 Kubernetes 上建立新的 DNS 項目，而是依靠 Kubernetes 或你可能使用的任何其他服務 registry 所註冊的現有服務。等一下你會部署一個 curl pod 來調用 nginx 服務，並將 curl 主機設為 nginx 以進行 DNS 解析，但隨後 Istio 將藉著攔截該請求並允許你定義其他流量控制政策來施展它的魔法。

現在列出預設名稱空間中的 pod。在服務的 pod 中應該會有兩個容器：

```
$ kubectl get po
NAME                      READY   STATUS    RESTARTS   AGE
nginx-77b4fdf86c-kzqvt    2/2     Running   0          27s
```

檢查這個 pod 的詳細資訊，你會看到 Istio sidecar 容器（基於 Envoy 代理）被注入 pod 中：

```
$ kubectl get pods -l app=nginx -o yaml
apiVersion: v1
items:
- apiVersion: v1
  kind: Pod
  metadata:
    labels:
      app: nginx
      ...
  spec:
    containers:
    - image: nginx:1.25.2
      imagePullPolicy: IfNotPresent
      name: nginx
      resources: {}
```

```
      ...
  kind: List
  metadata:
    resourceVersion: ""
```

討論

這一個訣竅假設你已經使用訣竅 13.1 介紹的名稱空間標記技術在名稱空間中啟用了自動 sidecar 注入，但是你不見得想要將 sidecar 注入到名稱空間內的每一個 pod 中，若是如此，你可以手動選擇哪些 pod 應包含 sidecar，從而被加入 mesh。你可以在官方 Istio 文件（*https://oreil.ly/VbHz_*）中進一步瞭解關於手動 sidecar 注入的資訊。

參閱

- 關於如何安裝和配置 sidecar 的更多資訊（*https://oreil.ly/E-omC*）
- 關於 Istio 中的 sidecar 角色的更多資訊（*https://oreil.ly/TperP*）

13.3 使用 Istio 虛擬服務來路由流量

問題

你想要將另一個服務部署到叢集中，該服務將調用你之前部署的 nginx 服務，但你不想在服務本身裡面編寫任何路由或安全邏輯，而且希望盡可能地解耦用戶端和服務端。

解決方案

我們將部署一個 curl pod 來模擬服務 mesh 內的服務之間的通訊，該 curl pod 會被加入 mesh 中，並調用 nginx 服務。

為了將 curl pod 與運行 nginx 的特定 pod 解耦，我們將建立一個 Istio 虛擬服務。curl pod 只需要知道虛擬服務的存在即可。Istio 及其 sidecars 將攔截從用戶端到服務的流量並路由它。

在名為 *virtualservice.yaml* 的檔案中建立以下的虛擬服務規範：

```
apiVersion: networking.istio.io/v1alpha3
kind: VirtualService
metadata:
  name: nginx-vs
spec:
  hosts:
  - nginx
  http:
  - route:
    - destination:
        host: nginx
```

建立虛擬服務：

```
$ kubectl apply -f virtualservice.yaml
```

然後運行一個 curl pod，你將使用它來調用服務。因為你已經在 default 名稱空間中部署 curl pod，並且在這個名稱空間中啟用了自動 sidecar 注入（見訣竅 13.1），所以 curl pod 將自動取得一個 sidecar，並被加入 mesh：

```
$ kubectl run mycurlpod --image=curlimages/curl -i --tty -- sh
```

 如果你意外退出 curl pod 的 shell，你可以使用 kubectl exec 命令來重新進入 pod：

```
$ kubectl exec -i --tty mycurlpod -- sh
```

現在可以從 curl pod 調用 nginx 虛擬服務：

```
$ curl -v nginx
*   Trying 10.152.183.90:80...
* Connected to nginx (10.152.183.90) port 80 (#0)
> GET / HTTP/1.1
> Host: nginx
> User-Agent: curl/8.1.2
> Accept: */*
>
> HTTP/1.1 200 OK
> server: envoy
...
```

你將看到來自 nginx 服務的回應，但注意 HTTP 標頭 server：envoy 指出回應實際上來自 nginx pod 中的 Istio sidecar。

為了在 curl 引用虛擬服務，我們使用 Kubernetes 服務的簡稱（在此例中為 nginx）。在底層，這些名稱會被轉換成完整的域名，例如 nginx.default.svc.cluster.local。如你所見，完整名稱包括名稱空間（在此例中為 default）。為了確保安全，建議你在生產環境中，明確地使用完整的名稱，以避免配置錯誤。

討論

這個訣竅的重點是服務 mesh 內的服務之間的通訊（也稱為東西向通訊（*east–west communication*）），它是這項技術的甜蜜點。

然而，Istio 和其他服務 mesh 也能夠執行閘道職責（也稱為入口（*ingress*）和南北向通訊（*north–south communication*）），例如在 mesh（或 Kubernetes 叢集）外運行的用戶端和在 mesh 內運行的服務之間的互動。

在本書著作期間，Istio 的閘道資源逐漸被新的 Kubernetes Gateway API 取代（*https://gateway-api.sigs.k8s.io*）。

參閱

- Istio 虛擬服務的官方參考文件（*https://oreil.ly/Lth6l*）。
- 關於 Kubernetes Gateway API 為何可能取代 Istio 的 Gateway 的更多資訊（*https://oreil.ly/6vHQv*）。

13.4 使用 Istio 虛擬服務來改寫 URL

問題

舊的用戶端使用已經失效的服務 URL 和路徑，你想要動態地改寫路徑，以便正確地調用服務，但不想要修改用戶端。

你可以像下面這樣調用路徑 */legacypath*，在 curl pod 中模擬這個問題，這會產生 404 Not Found 回應：

```
$ curl -v nginx/legacypath
*   Trying 10.152.183.90:80...
* Connected to nginx (10.152.183.90) port 80 (#0)
> GET /legacypath HTTP/1.1
> Host: nginx
> User-Agent: curl/8.1.2
> Accept: */*
>
< HTTP/1.1 404 Not Found
< server: envoy
< date: Mon, 26 Jun 2023 09:37:43 GMT
< content-type: text/html
< content-length: 153
< x-envoy-upstream-service-time: 20
<
<html>
<head><title>404 Not Found</title></head>
<body>
<center><h1>404 Not Found</h1></center>
<hr><center>nginx/1.25.1</center>
</body>
</html>
```

解決方案

使用 Istio 來改寫舊路徑，讓它到達服務的有效端點，在範例中，它是 nginx 服務的根路徑。

更新虛擬服務，以包含 HTTP 改寫：

```
apiVersion: networking.istio.io/v1alpha3
kind: VirtualService
metadata:
  name: nginx-vs
spec:
  hosts:
  - nginx
  http:
  - match:
    - uri:
        prefix: /legacypath
    rewrite:
      uri: /
    route:
    - destination:
```

```
        host: nginx
  - route:
    - destination:
        host: nginx
```

然後應用變更：

```
$ kubectl apply -f virtualservice.yaml
```

更新後的虛擬服務包含一個 match 屬性，它會尋找舊路徑，並將它改寫為指向根端點。

現在從 curl pod 調用舊路徑不會產生 404 了，而是 200 OK：

```
$ curl -v nginx/legacypath
*   Trying 10.152.183.90:80...
* Connected to nginx (10.152.183.90) port 80 (#0)
> GET /legacypath HTTP/1.1
> Host: nginx
> User-Agent: curl/8.1.2
> Accept: */*
>
< HTTP/1.1 200 OK
```

討論

虛擬服務的主要作用是定義從用戶端到上游服務的路由。若要進一步控制送往上游服務的請求，可參考 Istio 文件中關於目的地規則的部分（*https://oreil.ly/Yu4xW*）。

參閱

- Istio HTTPRewrite 文件（*https://oreil.ly/EGAFs*）

13.5 安裝 Linkerd 服務 mesh

問題

你的專案需要小的記憶體足跡（footprint），且（或）不需要 Istio 的全部功能，例如支援非 Kubernetes 的工作負載，或為 egress 提供原生支援。

解決方案

你應該會對 Linkerd 有興趣，它將自己定位成 Istio 的輕量級替代方案。

首先，如果你延續 Istio 的訣竅繼續操作，你可以使用 kubectl delete all --all 等命令來重設你的環境（注意，這會將你的叢集中的*所有東西*刪除！）。

然後執行下面的命令，並按照終端機的指示來手動安裝 Linkerd：

```
$ curl --proto '=https' --tlsv1.2 -sSfL https://run.linkerd.io/install | sh
```

這個命令的輸出會顯示一些額外的步驟，包括更新你的 PATH，以及其他的檢查和安裝命令，它們是安裝 Linkerd 的必要步驟。下面是我寫本書時顯示的訊息：

```
...
Add the linkerd CLI to your path with:

  export PATH=$PATH:/Users/jonathanmichaux/.linkerd2/bin

Now run:

  linkerd check --pre                       # validate that Linkerd can be inst...
  linkerd install --crds | kubectl apply -f - # install the Linkerd CRDs
  linkerd install | kubectl apply -f -      # install the control plane into the...
  linkerd check                             # validate everything worked!
...
```

執行這些 install 命令中的第二個時，可能會出現錯誤訊息，建議你使用額外的參數來重新執行該命令：

```
linkerd install --set proxyInit.runAsRoot=true | kubectl apply -f -
```

在安裝結束時，你會被要求執行一個命令來檢查一切都已啟動並正確地運行：

```
$ linkerd check
...
linkerd-control-plane-proxy
--------------------------
√ control plane proxies are healthy
√ control plane proxies are up-to-date
√ control plane proxies and cli versions match

Status check results are √
```

你也應該會看到在 linkerd 名稱空間中運行的 Linkerd pod：

```
$ kubectl get pods -n linkerd
NAME                                      READY   STATUS    RESTARTS   AGE
linkerd-destination-6b8c559b89-rx8f7      4/4     Running   0          9m23s
linkerd-identity-6dd765fb74-52plg         2/2     Running   0          9m23s
linkerd-proxy-injector-f54b7f688-lhjg6    2/2     Running   0          9m22s
```

確保 Linkerd 被設成將 Linkerd proxy 自動注入至你部署的服務中。你可以使用下面的命令來為 default 名稱空間啟用它：

```
$ kubectl annotate namespace default linkerd.io/inject=enabled
namespace/default annotate
```

討論

Buoyant 公司的聯合創始人兼 CEO William Morgan 於 2016 年首次提出 service mesh 一詞。自此之後，Bouyant 的 Linkerd 背後的社群一直專心提供一個作用範圍明確、效能卓越的產品。

正如問題說明中提到的，在編寫此書時，Linkerd 的主要限制之一是，它只能為 Kubernetes 上的服務建立 mesh。

參閱

- Linkerd 的官方 Getting Started 指南（*https://oreil.ly/zx-Wx*）

13.6 將服務部署到 Linkerd mesh 中

問題

你想要將一個服務部署到 Linkerd mesh 中，並將一個 sidecar 注入其 pod 中。

解決方案

我們來部署在討論 Istio 時的同一個 nginx 服務，該服務會回應針對它的根端點發出的 HTTP GET 請求，其他端點則回傳 404 回應。

首先為 NGINX 建立一個 deployment：

```
$ kubectl create deployment nginx --image nginx:1.25.2
deployment.apps/nginx created
```

然後將它公開為 Kubernetes 服務：

```
$ kubectl expose deploy/nginx --port 80
service/nginx exposed
```

現在列出預設名稱空間中的 pod。你應該會在 nginx 服務的 pod 中看到兩個容器：

```
$ kubectl get po
NAME                      READY    STATUS     RESTARTS    AGE
nginx-748c667d99-fjjm4    2/2      Running    0           13s
```

仔細瞭解這個 pod 的細節，你會發現 pod 被注入兩個 Linkerd 容器。其中一個是 init 容器，它的作用是將 TCP 流量路由至 pod，以及從 pod 路由 TCP 流量，並在其他 pod 啟動之前終止。另一個容器是 Linkerd 代理本身：

```
$ kubectl describe pod -l app=nginx | grep Image:
      Image:        cr.l5d.io/linkerd/proxy-init:v2.2.1
      Image:        cr.l5d.io/linkerd/proxy:stable-2.13.5
      Image:        nginx
```

討論

與 Istio 一樣，Linkerd 依賴一個 sidecar 代理，該代理也被稱為大使（ambassador）容器（*https://oreil.ly/ooN52*），它被注入 pod 之中，並為與它一起運行的服務提供額外的功能。

Linkerd CLI 提供 linkerd inject 命令，可用來決定何時該將 Linkerd 代理容器注入應用程式 pod，以及注入哪裡，而不需要由你自行操作標記。你可以在 Linkerd 文件中瞭解這方面的更多資訊（*https://oreil.ly/KJfxJ*）。

參閱

- 關於如何配置自動 sidecar 注入的更多資訊（*https://oreil.ly/TexFs*）
- 關於 Linkerd 架構的更多資訊（*https://oreil.ly/nTiTn*）

13.7 將流量路由至 Linkerd 裡的服務

問題

你想要將一個服務部署到 mesh 中,該服務將調用你在上一個訣竅裡部署的 nginx 服務,
並確認 Linkerd 及其 sidecar 是否攔截並路由了流量。

解決方案

我們將部署一個 curl pod 來模擬服務 mesh 內的服務之間的通訊,該 curl pod 會被加入
mesh 中,並調用 nginx 服務。你將在這個訣竅中看到,路由政策在 Linkerd 內的定義方
式不一樣。

首先,運行一個 curl pod 來調用服務。由於你在 default 名稱空間中啟動了 curl pod,
並且在這個名稱空間中啟用了自動 sidecar 注入(訣竅 13.5),curl pod 將自動獲得一個
sidecar 並被加入 mesh 中:

```
$ kubectl run mycurlpod --image=curlimages/curl -i --tty -- sh
Defaulted container "linkerd-proxy" out of: linkerd-proxy, mycurlpod,
linkerd-init (init)
error: Unable to use a TTY - container linkerd-proxy did not allocate one
If you don't see a command prompt, try pressing enter.
```

由於 Linkerd 修改了 mesh 中的 pod 的預設容器順序,所以上面的 run 命
令會失敗,因為它試圖 tty 入 Linkerd 代理,而不是我們的 curl 容器。

為了繞過這個問題,你可以使用 CTRL-C 解鎖終端機,然後使用 -c 旗標
來運行一個命令,來連接至正確的容器中:

```
$ kubectl attach mycurlpod -c mycurlpod -i -t
```

現在你可以從 curl pod 調用 nginx 服務了:

```
$ curl -v nginx
*   Trying 10.111.17.127:80...
* Connected to nginx (10.111.17.127) port 80 (#0)
> GET / HTTP/1.1
> Host: nginx
> User-Agent: curl/8.1.2
> Accept: */*
```

```
>
< HTTP/1.1 200 OK
< server: nginx/1.25.1
...
<
<!DOCTYPE html>
<html>
<head>
<title>Welcome to nginx!</title>
...
```

 你會看到 nginx 服務回傳的回應，但與 Istio 不同的是，現在還沒有明確
的訊息指出 Linkerd 已經成功地攔截了這個請求。

為了將 Linkerd 路由政策加入 nginx 服務，我們在名為 *linkerd-server.yaml* 的檔案中定義
一個 Linkerd Server 資源：

```
apiVersion: policy.linkerd.io/v1beta1
kind: Server
metadata:
  name: nginx
  labels:
    app: nginx
spec:
  podSelector:
    matchLabels:
      app: nginx
  port: 80
```

然後建立伺服器：

```
$ kubectl apply -f linkerd-server.yaml
server.policy.linkerd.io/nginx created
```

如果你再次從 curl pod 調用該服務，你會收到確認訊息，指出 Linkerd 正在攔截這個請
求，因為在預設情況下，Linkerd 會拒絕「被傳給沒有相關授權政策的伺服器的請求」：

```
$ curl -v nginx
*   Trying 10.111.17.127:80...
* Connected to nginx (10.111.17.127) port 80 (#0)
> GET / HTTP/1.1
> Host: nginx
> User-Agent: curl/8.1.2
> Accept: */*
```

```
>
< HTTP/1.1 403 Forbidden
< l5d-proxy-error: client 10.244.0.24:53274: server: 10.244.0.23:80:
unauthorized request on route
< date: Wed, 05 Jul 2023 20:33:24 GMT
< content-length: 0
<
```

討論

如你所見，Linkerd 使用 pod 選擇器標記來確定哪些 pod 被 mesh 政策管理。相較之下，Istio 的 VirtualService 資源直接引用服務的名稱。

13.8 在 Linkerd 中授權通往伺服器的流量

問題

你已將 nginx 之類的服務加入 mesh 中，並將它宣告為 Linkerd 伺服器了，卻收到 403 Forbidden 回應，因為在預設情況下，對於 mesh 內的所有伺服器的訪問都必須經過授權。

解決方案

Linkerd 提供不同的政策來定義哪些用戶端可以訪問哪些伺服器。在這個例子中，我們將使用 Linkerd 的 AuthorizationPolicy 來指定哪些服務帳號可以調用 nginx 服務。

在開發環境中，curl pod 使用 default 服務帳號，除非另行指定。在生產環境中，服務有它們自己的專用服務帳號。

首先，建立一個名為 *linkerd-auth-policy.yaml* 的檔案：

```
apiVersion: policy.linkerd.io/v1alpha1
kind: AuthorizationPolicy
metadata:
  name: nginx-policy
spec:
  targetRef:
    group: policy.linkerd.io
    kind: Server
    name: nginx
```

```
requiredAuthenticationRefs:
  - name: default
    kind: ServiceAccount
```

這個政策宣告：使用 default 服務帳號的任何用戶端都能夠訪問你在上一個訣竅中建立的 nginx Linkerd 伺服器。

套用這個政策：

```
$ kubectl apply -f linkerd-auth-policy.yaml
authorizationpolicy.policy.linkerd.io/nginx-policy create
```

就可以從 curl pod 調用 nginx 服務並獲得 200 OK 了：

```
$ curl -v nginx
*   Trying 10.111.17.127:80...
* Connected to nginx (10.111.17.127) port 80 (#0)
> GET / HTTP/1.1
> Host: nginx
> User-Agent: curl/8.1.2
> Accept: */*
>
< HTTP/1.1 200 OK
...
<!DOCTYPE html>
<html>
<head>
<title>Welcome to nginx!</title>
```

討論

控制伺服器訪問的其他方法包括：基於 TLS 身分的政策、基於 IP 的政策，藉著使用 pod 選擇器來具體引用用戶端，以及這些政策的任意組合。

此外，你也可以應用預設政策（*https://oreil.ly/LwiQ_*）來限制對於「Linkerd Server 資源未正式引用的服務」的訪問。

參閱

• Linkerd 授權政策文件（*https://oreil.ly/FOtW1*）

## 第十四章

無伺服器和
事件驅動應用程式

無伺服器（serverless）是一種雲端原生開發範式，它可以讓開發者在建立和部署應用程式時，不必煩惱伺服器如何管理。雖然伺服器仍然是方程式的元素之一，但平台將它們從應用程式開發的細節中抽象出來。

本章的訣竅將告訴你如何使用 Knative（*https://knative.dev*）stack（技術堆），在 Kubernetes 上部署無伺服器工作負載。

14.1 安裝 Knative Operator

問題

你想要將 Knative 平台部署到叢集中。

解決方案

使用 Knative Operator（*https://oreil.ly/y_7fy*）可以將 Knative stack 組件部署到叢集中。該 operator 定義了自訂資源（CR），可以幫助你輕鬆地配置、安裝、升級和管理 Knative stack 的生命週期。

你可以這樣從發表頁面安裝 Knative Operator 的 1.11.4 版（*https://oreil.ly/ 6CRLJ*）：

```
$ kubectl apply -f https://github.com/knative/operator/releases/download/
knative-v1.11.4/operator.yaml
```

並確定 operator 正在運行：

```
$ kubectl get deployment knative-operator
NAME               READY   UP-TO-DATE   AVAILABLE   AGE
knative-operator   1/1     1            1           13s
```

討論

Knative 是一項開源專案，它開發了在 Kubernetes 上部署、運行和管理無伺服器雲端原生應用程式所需的許多組件。該平台由兩個主要成分組成：Serving（*https://oreil.ly/ dpMyf*）和 Eventing（*https://oreil.ly/kYtPu*）。

雖然 Knative Operator 是部署和配置 Knative 組件的首選方法，但這些組件也可以使用它們在各自的發表頁面上提供的 YAML 檔案來進行部署。

14.2 安裝 Knative Serving 組件

問題

你安裝了 Knative Operator（參見訣竅 14.1），現在想要部署 Knative Serving（*https:// oreil.ly/dpMyf*）組件來運行無伺服器應用程式。

解決方案

使用 Knative Operator 提供的 KnativeServing（*https://oreil.ly/v-LsX*）自訂資源並安裝 Knative 的 Serving 組件。

Knative Serving 應安裝於 knative-serving 名稱空間中：

```
$ kubectl create ns knative-serving
namespace/knative-serving created
```

你必須建立一個 KnativeServing CR，加入一個網路層，並配置 DNS。對於網路層，我們將使用 Kourier（*https://oreil.ly/5DRRi*），它是 Knative Serving 的輕量級 Ingress 物件。對於 DNS，我們將使用 sslip.io（*https://sslip.io*）DNS 服務。

建立一個名為 *serving.yaml* 的檔案，其內容如下：

```
apiVersion: operator.knative.dev/v1beta1
kind: KnativeServing
metadata:
  name: knative-serving
  namespace: knative-serving
spec:
  ingress:
    kourier:
      enabled: true
  config:
    network:
      ingress-class: "kourier.ingress.networking.knative.dev"
```

現在使用 kubectl 來應用這個配置：

```
$ kubectl apply -f serving.yaml
knativeserving.operator.knative.dev/knative-serving created
```

Knative Serving 組件需要花幾分鐘才能成功部署。你可以這樣觀察它的部署狀態：

```
$ kubectl -n knative-serving get KnativeServing knative-serving -w
NAME              VERSION   READY   REASON
knative-serving   1.11.0    False   NotReady
knative-serving   1.11.0    False   NotReady
knative-serving   1.11.0    True
```

你也可以使用 YAML 檔案來安裝 Knative Serving：

```
$ kubectl apply -f https://github.com/knative/serving/releases/download/
knative-v1.11.0/serving-crds.yaml
$ kubectl apply -f https://github.com/knative/serving/releases/download/
knative-v1.11.0/serving-core.yaml
```

檢查 kourier 服務是否被指派給外部 IP 位址或 CNAME：

```
$ kubectl -n knative-serving get service kourier
NAME      TYPE           CLUSTER-IP     EXTERNAL-IP    PORT(S)       AGE
kourier   LoadBalancer   10.99.62.226   10.99.62.226   80:30227/T... 118s
```

在 Minikube 叢集上，請在終端機中執行 minikube tunnel 命令，來將 kourier 服務指派給外部 IP 位址。

最後，配置 Knative Serving，以使用 sslip.io 作為 DNS 後綴：

```
$ kubectl apply -f https://github.com/knative/serving/releases/download/
knative-v1.11.0/serving-default-domain.yaml
job.batch/default-domain created
service/default-domain-service created
```

討論

Knative Serving 組件讓 Serving API 發揮其效用。它為部署、管理和自動縮放無伺服器工作負載提供高階抽象，把重點放在無狀態的、請求驅動（request-driven）的應用程式。其宗旨是簡化以無伺服器的方式來部署和管理容器化應用程式的過程，讓開發者專心編寫程式，不需要煩惱基礎架構問題。

sslip.io 是一種 DNS 服務，可讓你使用域名來輕鬆地訪問被部署在 Knative 上的應用程式，而不需要管理 DNS 紀錄。服務的 URL 有 sslip.io 後綴，當你使用內嵌了 IP 位址的主機名稱來進行查詢時，該服務會回傳那個 IP 位址。

在生產環境中，我們強烈建議你為部署於 Knative 的工作負載配置真實的 DNS（*https:// oreil.ly/Shtsq*）。

參閱

- Installing Knative（*https://knative.dev/docs/install*）
- Configuring DNS（*https://oreil.ly/Shtsq*）

14.3 安裝 Knative CLI

問題

你安裝了 Knative Operator（訣竅 14.1），現在想要用一種簡單的方式來管理 Knative 資源，而不是處理 YAML 檔案。

解決方案

使用 kn（*https://knative.dev/docs/client/install-kn*），也就是 Knative CLI。

從 GitHub 發表頁面（*https://oreil.ly/wZXg6*）安裝 kn 二進制檔，並將它移至你的 $PATH。例如，若要在 macOS（Intel）上安裝 kn v1.8.2，你可以這樣做：

```
$ wget https://github.com/knative/client/releases/download/knative-v1.11.0/
kn-darwin-amd64

$ sudo install -m 755 kn-darwin-amd64 /usr/local/bin/kn
```

或者，Linux 和 macOS 使用者可以使用 Homebrew（*https://brew.sh*）套件管理器來安裝 Knative CLI：

```
$ brew install knative/client/kn
```

kn 專案的網頁詳細的安裝說明（*https://oreil.ly/Ks0Oh*）。

討論

kn 提供一種快速簡便的方法來建立 Knative 資源，例如服務和事件來源，而不需要直接處理 YAML 檔案。kn 工具提供許多命令來管理 Knative 資源。

查看命令的概要的做法是：

```
$ kn help
kn is the command line interface for managing Knative Serving and Eventing

Find more information about Knative at: https://knative.dev

Serving Commands:
  service      Manage Knative services
  revision     Manage service revisions
```

```
   ...

   Eventing Commands:
     source      Manage event sources
     broker      Manage message brokers
   ...

   Other Commands:
     plugin      Manage kn plugins
     completion  Output shell completion code
     version     Show the version of this client
```

本章的其餘部分將介紹 kn 的使用場景範例。

14.4 建立 Knative Service

問題

你已經安裝 Knative Serving 了（參見訣竅 14.2），現在想要在 Kubernetes 部署一個應用程式，並在它未被使用時釋出叢集資源。

解決方案

使用 Knative Serving API 來建立一個 Knative Service，服務會在未被使用時自動收縮至零。

作為範例，我們來部署 functions/nodeinfo 應用程式，它會提供它所在的 Kubernetes 節點的資訊。建立一個名為 *nodeinfo.yaml* 的檔案，將應用程式部署為 Knative Service：

```
apiVersion: serving.knative.dev/v1
kind: Service
metadata:
  name: nodeinfo
spec:
  template:
    spec:
      containers:
        - image: functions/nodeinfo:latest
```

重點在於，這種類型的服務與圖 5-1 的 Service 物件不同，這個 Service 物件是從 Knative Serving API（*https://oreil.ly/G3_jU*）實例化的。

使用下面的命令來部署應用程式：

```
$ kubectl apply -f nodeinfo.yaml
service.serving.knative.dev/nodeinfo created
```

使用下面的命令來檢查服務的狀態：

```
$ kubectl get ksvc nodeinfo
NAME       URL                         LATESTCREATED    LATESTREADY     READY
nodeinfo   http://nodeinfo...sslip.io  nodeinfo-00001   nodeinfo-00001  True
```

服務成功啟動後，在瀏覽器中打開 URL 以查看節點資訊。

看一下為服務建立的 pod：

```
$ kubectl get po -l serving.knative.dev/service=nodeinfo -w
NAME                     READY   STATUS            RESTARTS   AGE
nodeinfo-00001-deploy... 0/2     Pending           0          0s
nodeinfo-00001-deploy... 0/2     Pending           0          0s
nodeinfo-00001-deploy... 0/2     ContainerCreating 0          0s
nodeinfo-00001-deploy... 1/2     Running           0          2s
nodeinfo-00001-deploy... 2/2     Running           0          2s
```

關閉瀏覽器視窗，大約兩分鐘後，你應該會看到 nodeinfo pods 自動收縮為零：

```
$ kubectl get po -l serving.knative.dev/service=nodeinfo
No resources found in default namespace.
```

在瀏覽器中打開 URL 會自動啟動一個新的 Pod 物件來處理傳入的請求。你應該會看到網頁延遲一段時間才顯示出來，因為有一個新的 Pod 被建立出來處理此請求。

討論

使用 kn 用戶端（見訣竅 14.3）可以在不必編寫 YAML 檔案的情況下建立服務：

```
$ kn service create nodeinfo --image functions/nodeinfo:latest --port 8080
Creating service 'nodeinfo' in namespace 'default':

  0.054s The Route is still working to reflect the latest desired specification.
  0.068s Configuration "nodeinfo" is waiting for a Revision to become ready.
  3.345s ...
  3.399s Ingress has not yet been reconciled.
  3.481s Waiting for load balancer to be ready
  3.668s Ready to serve.

Service 'nodeinfo' created to latest revision 'nodeinfo-00001' is available at
URL: http://nodeinfo.default.10.96.170.166.sslip.io
```

14.5 安裝 Knative Eventing 組件

問題

你安裝了 Knative Operator（參見訣竅 14.1），現在想要部署 Knative Eventing（*https://oreil.ly/kYtPu*）組件來建構事件驅動的應用程式。

解決方案

使用 Knative Operator 提供的 KnativeEventing（*https://oreil.ly/1u62U*）自訂資源來安裝 Knative 的 Eventing 組件。

Knative Eventing 應該安裝在一個名為 knative-eventing 的名稱空間中：

```
$ kubectl create ns knative-eventing
namespace/knative-eventing created
```

建立一個名為 *eventing.yaml* 的檔案，其內容為：

```
apiVersion: operator.knative.dev/v1beta1
kind: KnativeEventing
metadata:
  name: knative-eventing
  namespace: knative-eventing
```

現在使用 kubectl 來應用這個配置：

```
$ kubectl apply -f eventing.yaml
knativeeventing.operator.knative.dev/knative-eventing created
```

native Eventing 組件需要幾分鐘的時間才能成功部署。你可以這樣觀察它的部署狀態：

```
$ kubectl --namespace knative-eventing get KnativeEventing knative-eventing -w
NAME               VERSION   READY   REASON
knative-eventing   1.11.1    False   NotReady
knative-eventing   1.11.1    False   NotReady
knative-eventing   1.11.1    False   NotReady
knative-eventing   1.11.1    True
```

或者，使用 YAML 檔案來安裝 Knative Eventing：

```
$ kubectl apply -f https://github.com/knative/eventing/releases/download/
knative-v1.11.1/eventing-crds.yaml
```

```
$ kubectl apply -f https://github.com/knative/eventing/releases/download/
knative-v1.11.1/eventing-core.yaml
```

然後安裝 in-memory channel 與 MTChannelBasedBroker：

```
$ kubectl apply -f https://github.com/knative/eventing/releases/download/
knative-v1.11.1/in-memory-channel.yaml
$ kubectl apply -f https://github.com/knative/eventing/releases/download/
knative-v1.11.1/mt-channel-broker.yaml
```

討論

Knative Eventing 組件賦與 Eventing API 能力，它提供一個在雲端原生環境中管理和處理事件的框架，在這個語境中的事件是指在系統內發生的事情或變動，例如新資源的建立、現有資源的更新，或外部觸發因素，這個組件可以讓開發者建構靈敏的應用程式，可對雲端原生生態系統中的變化和觸發即時做出回應。

14.6 部署 Knative Eventing 事件來源

問題

你安裝了 Knative Eventing（參見訣竅 14.5），現在想要部署一個事件來源（event source），以便使用事件來觸發 Knative 中的工作流程。

解決方案

事件來源是一種 Kubernetes 自訂資源，它是事件的產生方和事件的接收方之間的連結。你可以這樣檢查當下可用的事件來源：

```
$ kubectl api-resources --api-group='sources.knative.dev'
NAME              SHORTNAMES   APIVERSION          NAMESPACED   KIND
apiserversources               sources.kn...dev/v1 true         ApiServerSource
containersources               sources.kn...dev/v1 true         ContainerSource
pingsources                    sources.kn...dev/v1 true         PingSource
sinkbindings                   sources.kn...dev/v1 true         SinkBinding
```

PingSource（*https://oreil.ly/KlpSU*）是一個事件來源，它會根據 cron 排程所定義的固定時間間隔來產生包含固定載荷（payload）的事件。我們來部署一個 Ping Source，並將它連接到一個名為 sockeye 的 Sink（*https://oreil.ly/RWa85*）。

先建立 sockeye 服務：

```
$ kubectl apply -f https://github.com/n3wscott/sockeye/releases/download/
v0.7.0/release.yaml
service.serving.knative.dev/sockeye created
```

確認 sockeye 服務已被成功建立：

```
$ kubectl get ksvc sockeye
NAME       URL                    LATESTCREATED   LATESTREADY     READY
sockeye    http://sockeye...sslip.io   sockeye-00001   sockeye-00001
```

建立一個名為 *pingsource.yaml* 的檔案，以建立 PingSource，並將它連接到 sockeye 應用程式：

```
apiVersion: sources.knative.dev/v1
kind: PingSource
metadata:
  name: ping-source
spec:
  schedule: "* * * * *"
  contentType: "application/json"
  data: '{ "message": "Hello, world!" }'
  sink:
    ref:
      apiVersion: serving.knative.dev/v1
      kind: Service
      name: sockeye
```

用下面的命令來應用 manifest：

```
$ kubectl apply -f pingsource.yaml
pingsource.sources.knative.dev/ping-source created
```

確認 PingSource 已被成功建立：

```
$ kubectl get pingsource ping-source -w
NAME          ...   AGE   READY   REASON
ping-source   ...   52s   False   MinimumReplicasUnavailable
ping-source   ...   59s   True
```

使用下面的命令來取得 sockeye 服務的 URL：

```
$ kubectl get ksvc sockeye  -o jsonpath={.status.url}
http://sockeye.default.10.99.62.226.sslip.io
```

在網頁瀏覽器中打開該 URL，你應該可以看到每分鐘都出現新事件，如圖 14-1 所示。

圖 14-1 事件在 Sockeye 裡出現

討論

如果你不想要編寫 YAML 檔案，你可以使用 kn 用戶端（參見訣竅 14.3）。

使用下面的命令來建立 sockeye 服務：

```
$ kn service create sockeye --image docker.io/n3wscott/sockeye:v0.7.0
```

接著建立 PingSource：

```
$ kn source ping create ping-source --data '{ "message": "Hello, world!" }' \
    --schedule '* * * * *' --sink sockeye
```

14.7 啟用 Knative Eventing 資源

問題

你安裝了 Knative Eventing 組件（參見訣竅 14.5），想要啟用預設未啟用的 Knative 事件來源。

解決方案

Knative 社群開發的其他事件來源（*https://oreil.ly/ZP2Wa*）可以在 Knative Eventing 自訂資源中配置，例如 GitHub、GitLab、Apache Kafka…等事件來源。若要安裝 GitHub 事件來源（*https://oreil.ly/8HavC*），可更改訣竅 14.5 的 *eventing.yaml* 檔案如下：

```
apiVersion: operator.knative.dev/v1beta1
kind: KnativeEventing
metadata:
  name: knative-eventing
  namespace: knative-eventing
spec:
  source:
    github:
      enabled: true
```

用這個命令來應用變更：

```
$ kubectl apply -f eventing.yaml
knativeeventing.operator.knative.dev/knative-eventing configured
```

觀察更新的狀態：

```
$ kubectl -n knative-eventing get KnativeEventing knative-eventing -w
NAME               VERSION    READY    REASON
knative-eventing   1.11.1     False    NotReady
knative-eventing   1.11.1     True
```

現在檢查可用的來源，你應該會看到 GitHubSource 事件來源：

```
$ kubectl api-resources --api-group='sources.knative.dev'
NAME               APIVERSION               NAMESPACED    KIND
apiserversources   sources.kn..dev/v1       true          ApiServerSource
containersources   sources.kn..dev/v1       true          ContainerSource
githubsources      sources.kn..dev/v1alpha1 true          GitHubSource
pingsources        sources.kn..dev/v1       true          PingSource
sinkbindings       sources.kn..dev/v1       true          SinkBinding
```

討論

GitHubSource 事件來源可會為特定的 GitHub 組織或版本庫註冊事件,並為所選擇的
GitHub 事件類型觸發新的事件。

你也可以找到 GitLab、Apache Kafka、RabbitMQ…的開源事件來源。

14.8 從 TriggerMesh 安裝事件來源

問題

你安裝了 Knative Eventing(參見訣竅 14.5),想要從 TriggerMesh 安裝事件來源,以便
使用各種平台和服務的事件來源。

解決方案

執行下面的命令來安裝 TriggerMesh v1.26.0:

```
$ kubectl apply -f https://github.com/triggermesh/triggermesh/releases/
download/v1.26.0/triggermesh-crds.yaml
...k8s.io/awscloudwatchlogssources.sources.triggermesh.io created
...k8s.io/awscloudwatchsources.sources.triggermesh.io created
...k8s.io/awscodecommitsources.sources.triggermesh.io create
...
```

```
$ kubectl apply -f https://github.com/triggermesh/triggermesh/releases/
download/v1.26.0/triggermesh.yaml
namespace/triggermesh created
clusterrole.rbac.authorization.k8s.io/triggermesh-namespaced-admin created
clusterrole.rbac.authorization.k8s.io/triggermesh-namespaced-edit created
clusterrole.rbac.authorization.k8s.io/triggermesh-namespaced-view created
...
```

使用這個命令來查看 TriggerMesh API 提供的來源:

```
$ kubectl api-resources --api-group='sources.triggermesh.io'
NAME                  APIVERSION        NAMESPACED   KIND
awscloudwatchlog...   sources.tri...    true         AWSCloudWatchLogsSource
awscloudwatchsou...   sources.tri...    true         AWSCloudWatchSource
awscodecommitsou...   sources.tri...    true         AWSCodeCommitSource
...
```

你也可以使用下面的命令來列出 TriggerMesh API 提供的所有接收端：

```
$ kubectl api-resources --api-group='targets.triggermesh.io'
NAME                    SHORT...   APIVERSION       NAMESPACED   KIND
awscomprehendtar...                targets.tri...   true         AWSComprehendTarget
awsdynamodbtarge...                targets.tri...   true         AWSDynamoDBTarget
awseventbridgeta...                targets.tri...   true         AWSEventBridgeTarget
...
```

討論

TriggerMesh（*https://triggermesh.com*）是一種免費的開源軟體，可以幫助你建立事件驅動應用程式。TriggerMesh 提供許多平台和服務的事件來源，例如 AWS、Google Cloud、Azure、Salesforce、Zendesk…等。除了事件來源之外，TriggerMesh 也提供能夠轉換雲端事件的組件。

請參考 TriggerMesh 文件（*https://oreil.ly/0lDap*）來以獲得更多資訊。

參閱

- TriggerMesh 來源（*https://oreil.ly/-bqVQ*）

- TriggerMesh 目標（*https://oreil.ly/7tlVP*）

- TriggerMesh 轉換（*https://oreil.ly/O2Et4*）

## 第十五章

擴展 Kubernetes

你已經瞭解如何安裝、使用 Kubernetes 來部署和管理應用程式了，本章的重點是讓 Kubernetes 符合你的需求。為了採用本章的訣竅，你必須安裝 Go（*https://go.dev*），並取得 GitHub 上的 Kubernetes 原始碼（*https://github.com/kubernetes/kubernetes*）。我們將展示如何編譯整個 Kubernetes，以及如何編譯特定組件，例如用戶端 kubectl。我們也會展示如何使用 Python 來與 Kubernetes API 伺服器進行通訊，以及如何使用自訂資源定義來擴展 Kubernetes。

15.1 編譯原始碼

問題

你想使用原始碼來組建自己的 Kubernetes 二進制檔，而不是下載官方釋出的二進制檔（參見訣竅 2.9）或第三方產品。

解決方案

clone Kubernetes Git 版本庫，並且用原始碼來組建。

如果你的開發機器安裝了 Docker Engine，你可以使用根 *Makefile* 的 quick-release 目標，如下所示：

```
$ git clone https://github.com/kubernetes/kubernetes.git
$ cd kubernetes
$ make quick-release
```

 使用 Docker 來組建至少需要 8 GB 的 RAM，所以確保你的 Docker daemon 有那麼多記憶體可用。在 macOS 裡，可前往 Docker for Mac 偏好設定，並配置更多 RAM。

二進制檔位於 _output/release-stage_ 目錄中，完成的捆綁包位於 _output/release-tars_ 目錄中。

或者，如果你正確地設定 Golang（*https://go.dev/doc/install*）環境，你可以使用根 *Makefile* 的 release 目標：

```
$ git clone https://github.com/kubernetes/kubernetes.git
$ cd kubernetes
$ make
```

二進制檔位於 _output/bin_ 目錄中。

參閱

- Kubernetes 開發指南（*https://oreil.ly/6CSWo*）

15.2　編譯特定組件

問題

你想要用原始碼來組建 Kubernetes 的特定組件。例如，你只想要組建用戶端 kubectl。

解決方案

不要像訣竅 15.1 那樣使用 make quick-release 或 make，而是使用 make kubectl。

在根 *Makefile* 裡面有用來組建個別組件的目標。例如，下面的命令可編譯 kubectl、kubeadm 和 kubelet：

```
$ make kubectl kubeadm kubelet
```

二進制檔位於 _output/bin_ 目錄中。

 若要取得完整的 _Makefile_ 組建目標清單，可執行 `make help`。

15.3 使用 Python 用戶端來與 Kubernetes API 互動

問題

作為開發者的你想要使用 Python 來撰寫命令稿（script）來使用 Kubernetes API。

解決方案

安裝 Python kubernetes 模組。這個模組是 Python 的官方 Kubernetes 用戶端程式庫。你可以從來源或從 Python Package Index（PyPi）網站（_https://pypi.org_）安裝這個模組：

```
$ pip install kubernetes
```

使用預設的 kubectl context 來連接 Kubernetes 叢集後，就可以使用這個 Python 模組來與 Kubernetes API 進行通訊了。例如，下面的 Python 命令稿列出所有的 pod 並印出它們的名稱：

```
from kubernetes import client, config

config.load_kube_config()

v1 = client.CoreV1Api()
res = v1.list_pod_for_all_namespaces(watch=False)
for pod in res.items:
    print(pod.metadata.name)
```

這個命令稿中的 `config.load_kube_config()` 會從你的 kubectl 配置檔案中載入 Kubernetes 憑證和端點。在預設情況下，它會幫當下的 context 載入叢集端點和憑證。

討論

Python 用戶端是用 Kubernetes API 的 OpenAPI 規範來建構的。它是最新的、自動生成的。所有的 API 都可以透過這個用戶端來使用。

每一個 API 群組都對應到一個特定的類別，因此若要呼叫一個屬於 /api/v1 API 群組的 API 物件的方法，你要實例化 CoreV1Api 類別。為了使用 deployment，你要實例化 extensionsV1beta1Api 類別。所有的方法和相應的 API 群組實例都可以在自動生成的 *README* 中找到（*https://oreil.ly/ITREP*）。

參閱

- 在專案的版本庫裡的範例（*https://oreil.ly/6rw3l*）

15.4 使用自訂的資源定義來擴展 API

問題

你有一個自訂的工作負載，但現有的資源（例如 Deployment、Job 或 StatefulSet）都不太適合它，因此，你想要擴展 Kubernetes API，加入一個代表工作負載的新資源，同時繼續以平常的方式使用 kubectl。

解決方案

使用自訂資源定義（custom resource definition，CRD）（*https://oreil.ly/d2MmH*）。

假設你想要定義一個 Function 自訂資源。它代表一種短期運行的類 Job 資源，類似 AWS Lambda 提供的功能，且它是一種 function as a service（FaaS，有時被誤稱為「serverless function，無伺服器函式」）。

 若要瞭解在 Kubernetes 上運行的準生產 FaaS 解決方案，請參見第 14 章。

首先，在名為 *functions-crd.yaml* 的 manifest 中定義 CRD：

```
apiVersion: apiextensions.k8s.io/v1
kind: CustomResourceDefinition
metadata:
  name: functions.example.com
spec:
  group: example.com
```

```
    versions:
    - name: v1
      served: true
      storage: true
      schema:
        openAPIV3Schema:
          type: object
          properties:
            spec:
              type: object
              properties:
                code:
                  type: string
                ram:
                  type: string
    scope:              Namespaced
    names:
      plural: functions
      singular: function
      kind: Function
```

然後讓 API 伺服器知道你的新 CRD（可能需要幾分鐘來註冊）：

```
$ kubectl apply -f functions-crd.yaml
customresourcedefinition.apiextensions.k8s.io/functions.example.com created
```

你已經定義自訂資源 Function，且 API 伺服器已經認識它了，你可以使用一個包含以下
內容且名為 *myfaas.yaml* 的 manifest 來實例化它：

```
apiVersion: example.com/v1
kind: Function
metadata:
  name: myfaas
spec:
  code: "http://src.example.com/myfaas.js"
  ram: 100Mi
```

然後像往常一樣建立 Function 類型的 myfaas 資源：

```
$ kubectl apply -f myfaas.yaml
function.example.com/myfaas created

$ kubectl get crd functions.example.com -o yaml
apiVersion: apiextensions.k8s.io/v1
kind: CustomResourceDefinition
metadata:
```

```yaml
    creationTimestamp: "2023-05-02T12:12:03Z"
    generation: 1
    name: functions.example.com
    resourceVersion: "2494492251"
    uid: 5e0128b3-95d9-412b-b84d-b3fac030be75
spec:
  conversion:
    strategy: None
  group: example.com
  names:
    kind: Function
    listKind: FunctionList
    plural: functions
    shortNames:
    - fn
    singular: function
  scope: Namespaced
  versions:
  - name: v1
    schema:
      openAPIV3Schema:
        properties:
          spec:
            properties:
              code:
                type: string
              ram:
                type: string
            type: object
        type: object
    served: true
    storage: true
status:
  acceptedNames:
    kind: Function
    listKind: FunctionList
    plural: functions
    shortNames:
    - fn
    singular: function
  conditions:
  - lastTransitionTime: "2023-05-02T12:12:03Z"
    message: no conflicts found
    reason: NoConflicts
    status: "True"
    type: NamesAccepted
```

```
  - lastTransitionTime: "2023-05-02T12:12:03Z"
    message: the initial names have been accepted
    reason: InitialNamesAccepted
    status: "True"
    type: Established
  storedVersions:
  - v1
```

```
$ kubectl describe functions.example.com/myfaas
Name:          myfaas
Namespace:     triggermesh
Labels:        <none>
Annotations:   <none>
API Version:   example.com/v1
Kind:          Function
Metadata:
  Creation Timestamp:   2023-05-02T12:13:07Z
  Generation:           1
  Resource Version:     2494494012
  UID:                  bed83736-6c40-4039-97fb-2730c7a4447a
Spec:
  Code:   http://src.example.com/myfaas.js
  Ram:    100Mi
Events:   <none>
```

你只要訪問 API 伺服器即可發現 CRD。例如，你可以使用 kubectl proxy 在本地訪問 API 伺服器並查詢鍵空間（在我們的範例中是 example.com/v1）：

```
$ curl 127.0.0.1:8001/apis/example.com/v1/ | jq .
{
  "kind": "APIResourceList",
  "apiVersion": "v1",
  "groupVersion": "example.com/v1",
  "resources": [
    {
      "name": "functions",
      "singularName": "function",
      "namespaced": true,
      "kind": "Function",
      "verbs": [
        "delete",
        "deletecollection",
        "get",
        "list",
        "patch",
        "create",
```

```
        "update",
        "watch"
      ],
      "shortNames": [
        "fn"
      ],
      "storageVersionHash": "FLWxvcx1j74="
    }
  ]
}
```

你可以在這裡看到資源以及可用的動詞。

若要移除自訂的資源實例，只要刪除它即可：

```
$ kubectl delete functions.example.com/myfaas
function.example.com "myfaas" deleted
```

討論

如你所見，建立 CRD 很簡單。從最終使用者的角度來看，CRD 提供一致的 API，與原生資源（如 pods 或 jobs）沒有太大的差異。所有常用的命令，例如 kubectl get 和 kubectl delete，都可以按預期運行。

然而，建立 CRD 這項工作實際上只占了完全擴展 Kubernetes API 的不到一半的工作量。單獨使用 CRD 只能讓你透過 API 伺服器來儲存和提取 etcd 裡的自訂資料，你還要寫一個自訂控制器（*https://oreil.ly/kYmqw*）來解釋代表使用者意向的自訂資料、建立一個控制迴圈來比較當下狀態與宣告的狀態，並嘗試協調兩者。

參閱

- Kubernetes 文件中的「Extend the Kubernetes API with CustomResourceDefinitions」（*https://oreil.ly/mz2bH*）

- Kubernetes 文件中的「Custom Resources」（*https://oreil.ly/gp0xn*）

參考資源

一般資源

- Kubernetes 文件（ *https://kubernetes.io/docs/home* ）

- Kubernetes GitHub 版本庫（ *https://github.com/kubernetes/kubernetes* ）

- Kubernetes GitHub 社群（ *https://github.com/kubernetes/community* ）

- Kubernetes Slack 社群（ *https://slack.k8s.io* ）

教學與範例

- Kube by Example（ *https://kubebyexample.com* ）

- Play with Kubernetes（ *https://labs.play-with-k8s.com* ）

- 《*Kubernetes*：建置與執行 第二版》，Brendan Burns、Joe Beda 與 Kelsey Hightower 合著（O'Reilly）

索引

※ 提醒您：由於翻譯書排版的關係，部分索引名詞的對應頁碼會和實際頁碼有一頁之差。

H

關於作者

Sameer Naik 是具有嵌入式系統背景的雲端原生工程師，曾經參與多項開源專案，也是 Docker 專案的早期採用者。他寫過幾個受歡迎的開源 Docker 應用映像。Sameer 曾經參與早期的 Kubernetes 專案，同時也是 Helm Charts 專案的創始成員之一。Sameer 曾經服務於 VMware 和 Bitnami，他也是嵌入式系統初創企業 NextBit Computing 的共同創始人。

Sébastien Goasguen 是 TriggerMesh 的共同創始人，具備 20 年的開源經驗。作為 Apache 軟體基金會的成員，他在 Apache CloudStack 和 Libcloud 服務了多年，後來深入鑽容器世界。Sébastien 也是 Skippbox 的創始人，該公司是一家 Kubernetes 初創企業，後來被 Bitnami 收購。作為熱情的部落客，他喜歡宣傳新的尖端技術。Sébastien 也是 O'Reilly《*Docker Cookbook*》和《*60 Recipes for Apache CloudStack*》的作者。

Jonathan Michaux 是產品經理、軟體工程師和計算機科學家，他的職業生涯跨越多家初創企業和上市公司。他的使命向來都是為開發人員提供革命性的工具，包括 API 管理、資料和應用程式整合、微服務，以及最近的、在 Kubernetes 上的事件驅動應用。他擁有計算機科學博士學位，專攻並行系統的形式方法。

出版記事

本書封面上的動物是孟加拉鵰鴞（Bubo bengalensis）。這種大型角鴞通常成對出沒，牠們的活動範圍包括南亞的丘陵和多石灌木林。

孟加拉鵰鴞的身高是 19-22 英寸，體重介於 39-70 盎司之間。牠的羽毛呈棕灰色或米色，耳朵上有棕色的突起物。相較於身體的中性顏色，牠的眼睛是非常鮮艷的橘色。擁有橘色眼睛的貓頭鷹在白天捕獵。牠偏愛肉食，大多數情況下以老鼠為食，但在冬季也會獵食其他鳥類。這種貓頭鷹會發出深沉、共鳴的、雙音節的「嗚嗚」聲，可在黃昏和黎明聽到。

雌性的孟加拉鵰鴞會在地面的淺凹處、巖石懸崖和河岸築巢，並生出 2 ～ 5 顆奶油色的蛋。蛋需要 33 天來孵化。雛鳥在大約 10 週大時即可生長到成鳥大小，儘管此時尚未完全成熟，在接下來的 6 個月左右還需要依賴父母。在保護後代時，為了轉移掠食者的注意力，父母會假裝翅膀受傷，或以曲折的方式飛行。

在 O'Reilly 封面上的許多動物都是瀕危物種，牠們對這個世界都很重要。

本書封面插圖由 Karen Montgomery 繪製，根據 Meyers Kleines Lexicon 的黑白雕刻。

Kubernetes 錦囊妙計 第二版

作　　者：Sameer Naik, Sébastien Goasguen, Jonathan
　　　　　Michaux
譯　　者：賴屹民
企劃編輯：詹祐甯
文字編輯：江雅鈴
設計裝幀：陶相騰
發 行 人：廖文良

發 行 所：碁峰資訊股份有限公司
地　　址：台北市南港區三重路 66 號 7 樓之 6
電　　話：(02)2788-2408
傳　　真：(02)8192-4433
網　　站：www.gotop.com.tw
書　　號：A764
版　　次：2024 年 11 月二版
建議售價：NT$580

國家圖書館出版品預行編目資料

Kubernetes 錦囊妙計 / Sameer Naik, Sébastien Goasguen,
　Jonathan Michaux 原著；賴屹民譯. -- 二版. -- 臺北市：碁
　峰資訊, 2024.11
　　面；　　公分
　譯自：Kubernetes cookbook, 2nd.
　ISBN 978-626-324-849-6(平裝)
　1.CST：作業系統　2.CST：軟體研發
312.54　　　　　　　　　　　　　　　113009511